21世纪高等学校计算机科学与技术规划教材

# Visual Basic 程序设计教程

主　编　徐雨明　魏书堤　李康满

副主编　蒋瀚洋　焦　铬　朱雅莉　郑光勇

北京邮电大学出版社
www.buptpress.com

# 内 容 简 介

本书以 Visual Basic 6.0 中文版为背景,由浅入深、循序渐进地介绍了高级语言程序设计、面向对象的方法和可视化编程技术。全书分为 12 章,主要内容包括 Visual Basic 程序设计概论、Visual Basic 的对象与编程特点、Visual Basic 程序设计语言基础、Visual Basic 程序控制结构、数组、过程、常用内部控件、菜单设计、图形设计、多媒体程序设计、文件管理和数据库编程等。

本书内容丰富、概念清晰、层次分明、通俗易懂,注重程序设计能力的培养,并配有《Visual Basic 习题与上机实验指导》。

本书既可以作为高等学校非计算机专业本科及专科学生的 Visual Basic 程序设计课程的教材,也可以作为教师的参考用书,同时还可以作为参加全国计算机等级考试(Visual Basic)二级的人员或编程初学者的自学用书。

**图书在版编目(CIP)数据**

Visual Basic 程序设计教程/徐雨明,魏书堤,李康满主编. —北京:北京邮电大学出版社,2008
ISBN 978 - 7 - 5635 - 1785 - 5

Ⅰ.V… Ⅱ.①徐…②魏…③李… Ⅲ.BASIC 语言—程序设计—教材 Ⅳ.TP312

中国版本图书馆 CIP 数据核字(2008)第 176290 号

---

书　　名　Visual Basic 程序设计教程
主　　编　徐雨明　魏书堤　李康满
责任编辑　沙一飞
出版发行　北京邮电大学出版社
社　　址　北京市海淀区西土城路 10 号(100876)
电话传真　010 - 62282185(发行部)　010 - 62283578(传真)
电子信箱　ctrd@buptpress.com
经　　销　各地新华书店
印　　刷　北京忠信诚胶印厂
开　　本　787 mm×1 092 mm　1/16
印　　张　16.75
字　　数　362 千字
版　　次　2009 年 1 月第 1 版　2009 年 1 月第 1 次印刷

---

ISBN 978 - 7 - 5635 - 1785 - 5　　　　　　　　　　　　定价:31.00 元

# 前　　言

　　面向对象程序设计，以其新颖、独特的思想为程序设计语言和软件开发带来了新技术、新方法。面向对象程序设计方法是把程序和数据封装起来作为一个对象，并为每一个对象规定其外观和行为。这种程序设计方法简化了编写程序的难度，使程序设计语言越来越易学、好用。

　　Visual Basic 是当今深受欢迎的面向对象的程序设计语言之一，其简练的语法、强大的功能、结构化程序设计以及方便快捷的可视化编程手段，使得编写 Windows 环境下的应用程序变得非常容易。因此 Visual Basic 已经成为目前许多高等院校首选的教学应用程序设计语言。

　　本教材在内容的选择、深度的把握、习题的设计上，参照全国计算机等级考试大纲的基本要求，做到深入浅出、循序渐进，既包含程序设计语言的基本知识和程序设计的基本方法与技术，又能与可视化编程有机地结合。在界面的设计上，除了介绍一些常用的内部控件外，还介绍了设计 Windows 应用程序界面时常用的一些 ActiveX 控件，使读者在学习完本书后能够编写出较完整的 Windows 应用程序。

　　本教材为兼顾不同层次的学生对计算机程序设计语言的学习要求，各章例题尽量做到既能说明有关概念，又具有一定的实际意义，以激发学生的学习兴趣。

　　本教材配有《Visual Basic 习题与上机实验指导》一书，对各章均配有习题并给出了详细的解答，同时上机实验指导部分的内容，使学生能够通过上机实践掌握所学内容，提高动手能力和编程技能。

　　参与本教材编写工作的，都是从事 Visual Basic 教学多年、有着丰富教学经验的老师。其中，第 1 章、第 4 章由徐雨明、郑光勇编写，第 2 章由邹飞、姜小奇编写，第 3 章由王樱、李琳编写，第 5 章由王杰、谢新华编写，第 6 章由焦铬、姚丽君编写，第 7 章由李康满、王静编写，第 8 章由蒋瀚洋、曾卫编写，第 9 章由朱雅莉、刘辉编写，第 10 章由陈琼、宋毅军编写，第 11 章由阳平、余莹编写，第 12 章由魏书堤、朱贤友编写。参加编写和讨论的还有邓红卫、邹赛、欧阳陈华、戴小新、符军、陈溪辉、易小波、向卓、尹军、陈鹏、邹超君、邹祎、赵磊、王玉奇、林睦纲、彭佳星、刘昌荣、许琼方、张彬、周璨、陈中、李浪、陈辉、眭仁武、康江林、唐亮、罗文等。

　　全书由徐雨明、魏书堤、李康满主编，蒋瀚洋、焦铬、朱雅莉、郑光勇任副主编。

　　因时间仓促，加之编者水平有限，书中错误或不足之处在所难免，敬请专家和广大读者批评指正，以便今后本教材的修订。

　　作者邮箱：xxl1205@163.com

**编　者**
**2008 年 8 月**

# 目　　录

# 第1章 Visual Basic 程序设计概述

BASIC 语言是一种应用非常广泛的计算机语言,而 Visual Basic(简称 VB)在原有的 BASIC 语言的基础上进行了进一步的发展和扩充。本章将讲述 VB 的基本概念和基本情况,并初步介绍 VB 的集成开发环境。

## 1.1 VB 语言简介

### 1.1.1 VB 语言发展简介

"Basic"指的是 BASIC (Beginners All-Purpose Symbolic Instruction Code)语言,是一种在计算机技术发展历史上应用得最为广泛的语言。Visual 的英文含义是可视化,指的是开发图形用户界面 (Graphic User Interface, GUI)的方法。VB 在原有 BASIC 语言的基础上进一步发展,至今包含了数百条语句、函数和关键词,其中很多和 Windows GUI 有直接关系。在 VB 中,一方面继承了 BASIC 所具有的程序设计语言简单易用的特点,另一方面在其编程系统中采用了面向对象、事件驱动的编程机制,用一种巧妙的方法把 Windows 的编程复杂性封装起来,提供了一种所见即所得的可视化程序设计方法。专业人员可以用 VB 实现其他任何 Windows 编程语言的功能,而初学者只要掌握几个关键词就可以建立实用的应用程序。因此,VB 被公认为电脑初学者的首选入门编程语言。

### 1.1.2 VB 语言的版本

最早的 VB 1.0 版本是由微软公司于 1991 年推出的,而后 1992 年推出 2.0 版本,1993 年推出 3.0 版本,1995 年推出 4.0 版本,在 1998 年又推出了 6.0 版本。2001 年微软公司推出 VB. NET,将 VB 语言提升到了全新的高度。随着版本的改进,VB 已逐渐成为简单易学、功能强大的编程工具。

本书主要介绍 VB 6.0 版本,因为它是完全集成化的编程环境,它集程序设计、调试和查错等功能于一身,而且,VB 6.0 加强了对 ActiveX 控件的支持。使用 VB 6.0 不仅可以设计标准的 Windows 程序,也可以进行数据库的设计和编写多媒体方面的程序,最难能可贵的是使用 ActiveX 控件和 VB Script 还可以编写基于 Internet 的网络实用程序,为广大计算机用户提供了一个崭新的编程天地。为了适合不同用户的需求,VB共推出了3个版本:学习版、专业版和企业版。

(1)学习版

VB学习版使编程人员可以轻松开发 Windows 和 Windows NT 的应用程序,该版本包括所有的内部控件以及网格、选项卡和数据绑定控件。学习版提供的文档有 Learn VB 6.0 Now CD 和包含全部联机文档的 Microsoft Developer Network CD。

(2)专业版

专业版为专业编程人员提供了一整套功能完备的开发工具,该版本包括学习版的全部功能以及 ActiveX 控件、Internet Information Server Application Designer、集成的 Visual Database Tools 和 Data Environment、Active Data Objects 和 Dynamic HTML Page Designer。专业版提供的文档有 Visual Studio Professional Features 手册和包含全部联机文档的 Microsoft Developer Network CD。

(3)企业版

企业版使得专业编程人员能够开发功能强大的组内分布式应用程序,该版本包括专业版的全部功能以及 Back Office 工具。例如,SQL Server、Microsoft Transaction Server、Internet Information Server、Visual SourceSafe、SNA Server 等。企业版包括的文档有 Visual Studio Enterprise Features 手册以及包含全部联机文档的 Microsoft Developer Network CD。

3 个版本都推出了中文版,对于中国计算机用户而言,排除了语言障碍,学习起来就更加简单了。本书使用的是 VB 6.0 中文企业版。

### 1.1.3  VB 功能特点

#### 1. 面向对象的可视化程序设计方法

在 VB 中,应用了面向对象的程序设计方法(Object Oriented Programming,OOP),即把程序和数据封装起来视为一个对象工具,每个对象都是可视的。程序员在设计时只需要用现有的工具根据界面设计的要求,直接在屏幕上"画"出窗口、菜单、命令按钮等不同类型的对象,然后为每个对象设置属性。程序员的编程工作就是编写对象要完成的事件过程代码,因而程序设计的效率很高。

#### 2. 事件驱动的编程机制

VB 采用的是事件驱动的编程机制。事件驱动是增强程序图形界面交互性的主要方法,这种机制极大地方便了程序开发人员,使程序开发人员在程序设计过程中不必像传统的面向过程的应用程序那样,要考虑对整个应用程序运行过程的控制,程序开发人员只需要考虑如何响应对象的事件及用户对对象的操作,而无需考虑事件过程的先后次序。

由于 VB 的事件驱动模式,使得过程代码短小简单,测试维护也比较方便。

#### 3. 简单易学的程序设计语言

VB 程序设计语言是在 BASIC 语言的基础上发展起来的,具有高级语言的语句结构,其语句和表达式接近自然语言和数学式子,是一种简单易学的程序设计语言。同时,VB 提供了丰富的数据类型、众多的内部函数、子程序、事件子程序和自定义函数等模块。各个子程序模块之间可以彼此独立,也可以相互联系。

### 4.集成的应用程序开发环境

VB 提供的是一种集成的应用程序开发环境,开发人员可以在集成环境中完成应用程序开发设计的所有步骤,包括界面设计、代码编写、程序调试和程序发布等。

再者,VB 提供的是一种交互式的集成开发环境,非常方便程序员的应用程序开发工作。在代码输入阶段,集成环境可同步提示对应语法成分的结构,并及时捕捉拼写错误;在程序调试阶段,集成环境能够确定错误的位置,并显示出错信息。

### 5.强大的数据库管理功能

VB 中利用数据(Data)控件可以访问多种数据库系统,如 Microsoft Access、Microsoft FoxPro、Microsoft SQL Server 和 Oracle 等,也可访问包括 Microsoft Excel 在内的多种电子表格。VB 6.0 新增了 ADO(Active Database Object)技术,同时提供的 ADO 控件不但可以用最少的代码创建数据库应用程序,还可取代 Data 和 RDO(Remote Data Object)控件。

### 6.OLE 和 ActiveX 技术的应用

(1)OLE 对象的连接与嵌入技术

OLE(Object Link & Embed)对象的连接与嵌入技术能够开发集声音、图像、动画、文字处理、Web 等对象于一体的应用程序。

(2)ActiveX 技术

ActiveX 技术可以使开发人员摆脱特定语言的束缚,方便地使用标准的 ActiveX 控件,调用标准的接口,实现特定的功能。

OLE 技术是 VB 的核心,ActiveX 是 OLE 的发展。

另外,VB 还具有增强的网络功能、完备的联机帮助系统。与 Windows 环境下的软件一样,在 VB 中,随时可以利用菜单或功能键 F1 获得所需要的帮助信息。帮助窗口的信息和示例代码,可以进行复制、粘贴,为用户学习和使用 VB 提供了捷径。

# 1.2　VB 的集成开发环境

## 1.2.1　启动与退出

单击"开始"→"程序"→"Microsoft Visual Basic 6.0 中文版"→"Microsoft Visual Basic 6.0 中文版"命令,即可启动 VB 6.0。

进入 VB 6.0 后,在如图 1-1 所示的"新建工程"窗口中列出了 VB 6.0 能够建立的应用程序类型,初学者只要选择默认的"标准 EXE"即可。在"新建工程"窗口中有 3 个选项卡。

图 1-1　"新建工程"窗口

①新建：建立新工程。

②现存：选择和打开现有的工程。

③最新：列出最近使用过的工程。

在单击"新建"选项卡后，就可创建所需类型的应用程序，并进入到 VB 集成开发环境。

当需要退出 VB 时，可以关闭 VB 集成开发环境窗口，或通过执行"文件"→"退出"菜单命令退出。

### 1.2.2　集成开发环境

VB 6.0 应用程序集成开发环境如图 1-2 所示。

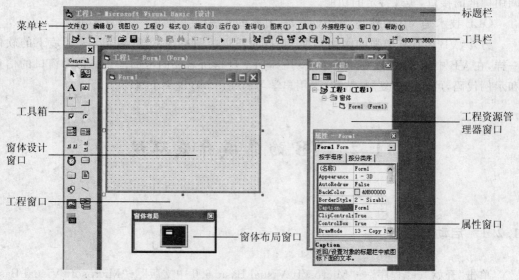

图 1-2　VB 6.0 应用程序集成开发环境

### 1.标题栏

标题栏用于显示正在开发或调试的工程名和系统的工作模式。系统有 3 种工作模式：设计模式、运行模式、中断模式。

(1)设计模式

创建应用程序的大多数工作都是在设计时完成的。在设计模式下，可以设计窗体、绘制控件、编写代码并使用属性窗口来设置或查看属性值。

(2)运行模式

运行模式指代码正在运行的时期。在运行模式下，用户可与应用程序交流，可查看代码，但不能改动代码。

(3)中断模式

中断模式指程序在运行的中途被停止执行的时期。在中断模式下，用户可查看各变量及属性的当前值，从而了解程序执行是否正常，还可以修改程序代码，检查、调试、重置、单步执行或继续执行程序。

### 2.菜单栏

菜单栏用于显示所使用的 VB 命令。VB 6.0 的标准菜单栏如图 1-3 所示。

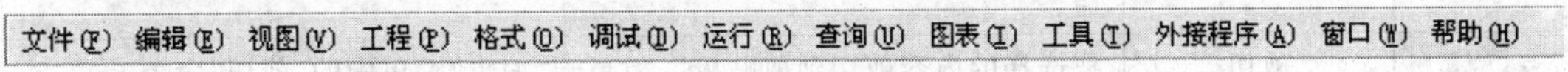

| 文件(F)　编辑(E)　视图(V)　工程(P)　格式(O)　调试(D)　运行(R)　查询(U)　图表(T)　工具(T)　外接程序(A)　窗口(W)　帮助(H) |
| --- |

图 1-3　菜单栏

①文件：用于创建、打开、保存、显示最近的工程以及生成可执行文件。

②编辑：用于程序源代码的编辑。

③视图：用于集成开发环境下程序源代码和控件的查看。

④工程：用于控件、模块、窗体等对象的处理。

⑤格式：用于控件的对齐等格式化操作。

⑥调试：用于程序调试、查错。

⑦运行：用于程序启动、中断和结束等。

⑧工具：用于集成开发环境下工具的扩展。

⑨外接程序：用于工程增加或删除外接程序。

⑩窗口：用于屏幕窗口的层叠、平铺等布局以及列出所有已打开的文档窗口。

⑪帮助：用于帮助用户系统地学习和掌握 VB 6.0 的使用及程序设计的方法。

### 3.工具栏

在编程环境下，工具栏用于快速访问常用命令。缺省情况下，启动 VB 6.0 后显示"标准"工具栏，如图 1-4 所示。附加的"编辑"工具栏、"窗体编辑器"工具栏和"调试"工具栏可以通过"视图"菜单中的"工具栏"子命令调出或隐藏。

"标准"工具栏中各按钮的名称及作用如表 1-1 所示。

(a) 固定形式

(b) 浮动形式

图 1-4　"标准"工具栏

**表 1-1　"标准"工具栏中各按钮的作用**

| 按钮图标 | 名称 | 作　用 |
|---|---|---|
|  | 添加工程 | 添加一个新工程。相当于"文件"菜单中的"添加工程"命令 |
|  | 添加窗体 | 在工程中添加一个新窗体。相当于"工程"菜单中的"添加窗体"命令 |
|  | 菜单编辑器 | 打开"菜单编辑器"对话框。相当于"工具"菜单中的"菜单编辑器"命令 |
|  | 打开工程 | 用来打开一个已经存在的 VB 工程文件。相当于"文件"菜单中的"打开工程"命令 |
|  | 保存工程(组) | 保存当前的 VB 工程(组)文件。相当于"文件"菜单中的"保存工程(组)"命令 |
|  | 剪切 | 把选择的内容剪切到剪贴板。相当于"编辑"菜单中的"剪切"命令 |
|  | 复制 | 把选择的内容复制到剪贴板。相当于"编辑"菜单中的"复制"命令 |
|  | 粘贴 | 把剪贴板的内容复制到当前插入位置。相当于"编辑"菜单中的"粘贴"命令 |
|  | 查找 | 打开"查找"对话框。相当于"编辑"菜单中的"查找"命令 |
|  | 撤销 | 撤销当前的修改 |
|  | 重复 | 对"撤销"的反操作 |
|  | 启动 | 用来运行一个应用程序。相当于"运行"菜单中的"启动"命令 |
|  | 中断 | 暂停正在运行的程序(可以用"启动"按钮或按 Shift＋F5 组合键继续)。相当于组合键 Ctrl＋Break 或"运行"菜单中的"中断"命令 |
|  | 结束 | 结束一个应用程序的运行并回到设计窗口。相当于"运行"菜单中的"结束"命令 |
|  | 工程资源管理器 | 打开工程资源管理器窗口。相当于"视图"菜单中的"工程资源管理器"命令 |
|  | 属性窗口 | 打开属性窗口。相当于"视图"菜单中的"属性窗口"命令 |
|  | 窗体布局窗口 | 打开窗体布局窗口。相当于"视图"菜单中的"窗体布局窗口"命令 |
|  | 对象浏览器 | 打开"对象浏览器"对话框。相当于"视图"菜单中的"对象浏览器"命令 |
|  | 工具箱 | 打开工具箱。相当于"视图"菜单中的"工具箱"命令 |
|  | 数据视图窗口 | 打开数据视图窗口 |
|  | 组件管理器 | 管理系统中的组件(Component) |

## 4. 工具箱(ToolBox)

工具箱提供一组工具,用于设计时在窗体中放置控件生成应用程序的用户接口。系统启动后缺省的 General 工具箱出现在屏幕左边,上面包含常用控件,如图 1-5 所示。

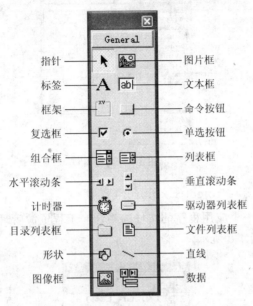

图 1-5　VB 6.0 工具箱

## 5. 窗体(Form)设计窗口

窗体设计窗口是屏幕中央的主窗口,它可以作为自定义窗口用来设计应用程序的界面。用户可以通过在窗体中添加控件、图形和图片来创建所希望的外观,如图 1-6 所示。每个窗体都有一个窗体名,建立窗体时缺省名为 Form1,Form2,……

注意:窗体名(Name 属性)和窗体文件名是两个不同的概念。

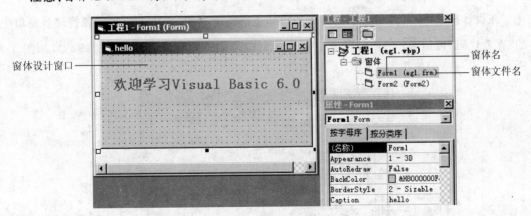

图 1-6　窗体设计窗口

## 6. 属性(Properties)窗口

属性是指对象的特征,如大小、标题或颜色等数据。在 VB 6.0 设计模式中,属性窗口列出了当前选定窗体或控件的属性值，用户可以对这些属性值进行设置，如图 1-7 所示。

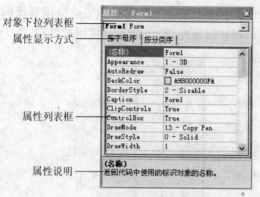

图 1-7　属性窗口

### 7. 工程资源管理器（Project Explorer）窗口

工程是指用于创建一个应用程序的文件的集合。工程资源管理器窗口中列出了当前工程中的窗体和模块，如图 1-8 所示。

图 1-8　工程资源管理器窗口

### 8. 代码（Code）窗口

在设计模式中，可以通过双击窗体或窗体上的任何对象，或单击工程资源管理器窗口中的"查看代码"按钮 国 打开代码窗口。代码窗口是输入应用程序代码的编辑器，如图 1-9 所示。

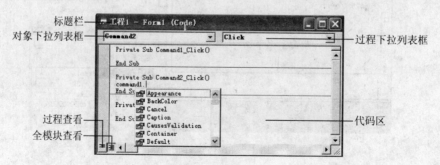

图 1-9　代码窗口

**9. 立即(Immediate)窗口**

立即窗口是为调试应用程序提供的,用户可在该窗口中利用 Print 方法或直接在程序中用"Debug. print"显示所关心的表达式的值。

**10. 窗体布局(Form Layout)窗口**

窗体布局窗口显示在屏幕右下角,如图 1-10 所示,用户可使用表示屏幕的小图像来布置应用程序中各窗体的位置。窗体布局窗口在多窗体应用程序中很有用,因为这可以指定每个窗体相对于主窗体的位置。

图 1-10　窗体布局窗口

# 本章小结

本章主要介绍了 VB 的发展历史、语言特点及其集成开发环境,是今后学习的起点。通过本章的学习,读者应该熟练掌握 VB 的启动和退出方法及其集成开发环境中的各种常用窗口(如工具箱、属性窗口、窗体设计窗口、代码窗口、工程资源管理器窗口、立即窗口等)的布局和使用方法,并结合实践操作加以巩固,为今后的学习打好基础。

# 第2章  VB 的对象和编程特点

作为 Windows 环境下的功能强大的应用程序开发工具,VB 以其独特的程序设计方式和简单的程序设计过程被众多用户所使用。本章主要讲述 VB 中对象的特点,VB 程序设计过程,常用属性、事件和方法。

## 2.1  面向对象编程的基本概念

VB 采用的是面向对象和按事件驱动的机制,程序员只需要编写某些对象的事件过程代码,如单击事件,而不必考虑按精确次序执行的每个步骤。编写代码相对较少,可以快速创建强大的应用程序。这种事件编程的机制就是通常所说的"可视化编程"方式。

### 2.1.1  VB 的类和对象

类(Class)和对象(Object)是面向对象程序设计中的两个重要的基本概念。类是对客观实体的抽象化,是数据和处理这些数据过程的封装。对象是类的具体实例化,VB 中的对象由类创建。类就像模板,它定义了一组大体上相似的对象,确定由它生成的对象所具有的公共特征和功能。例如,"人"就是一个类,而"张三"就是这个类的一个具体实例,即对象。

在 VB 环境下,常用的对象有工具箱中的控件、窗体、菜单、应用程序的部件和数据库,除此之外,VB 还提供了系统对象,如打印机(Printer)等。

在窗体上创建对象时,可以在工具箱中单击要创建的对象图标,然后在窗体的适当位置画出对象来。初步建立的对象只是一个空对象,需要对该对象的有关属性、事件和方法进行描述。

### 2.1.2  属性

属性(Property)是指一个对象所具有的性质和特征,是反映对象特征的参数,这些性质可能是外在的,也可能是内在的。例如,某个人姓名为张三,性别为男,身高为 1.7m,性格外向,爱好篮球。这些都是这个人的属性,其中,姓名、性别、身高是外在属性,性格、爱好是内在属性,而张三、男、1.7m、外向、篮球就是相应的属性值。不同的对象有不同的属性,相同的属性又可以有不同的属性值,改变属性值就改变了对象的特征。在 VB 中,属性值的改变可以通过属性窗口和程序代码两种方法来实现。

(1)通过属性窗口改变属性值

先选定对象,然后在属性窗口中找到相应属性直接修改。此方法的优点是简单明了,每次选择一个属性时,其属性窗口的下部就显示该属性的一个简短说明。缺点是不能修改所有需要的属性。

(2)通过程序代码修改属性值

语法格式为:

**对象名.属性名＝属性值**

例如,设置标签 Label1 的标题为“北京欢迎你”的语句为:

Label1.Caption ＝ ″北京欢迎你″

并不是所有的属性在运行时都可以修改。对象的属性可分为两类:在程序运行时可以修改并可获得值的属性称为读写属性;在运行时只能够读取的属性称为只读属性。

读取属性值可以通过程序代码实现,例如:

strName ＝ Label1.Caption

表示将标签 Label1 的标题内容赋值给变量 strName。

## 2.1.3　方法

方法(Method)是对象的行为,即将一些通用的过程编写好并封装起来,作为方法供用户直接调用。在 VB 中,方法实际上是指对象本身所包含的一些特殊函数或过程。利用对象内部自带的函数或过程,可以实现对象的一些特殊功能和动作。例如,窗体的 Show 方法可以用来显示窗体,列表框的 AddItem 方法可以用来在列表框中添加选项。

VB 的方法通过程序代码调用,其语法格式为:

**[对象名称.]方法名称**

例如,在程序中调用列表框 List1 的 AddItem 方法,使 List1 中添加选项“China”,其程序代码为:

List1.AddItem ″China″

如果调用方法时,省略了“对象名称”,那么所调用的方法作为当前对象的方法,通常当前窗体作为当前对象。例如:

Print ″China″

运行时,在当前窗体上显示“China”。

VB 中提供了大量的方法,有些基本方法适用于多数对象,而有些方法只适用于少数对象。

### 2.1.4 事件

事件(Event)是指对象能够识别并做出反应的外部刺激。例如,Click(单击)事件、DblClick(双击)事件、MouseMove(鼠标移动)事件、Load(装载)事件等。每种对象能识别的事件是不同的。尽管每种对象所支持的事件很多,但实际上,一个程序中往往只用到其中的几种事件,应该根据实际需要选定。

当事件由用户触发(如单击)或系统触发(如装载)时,对象就会对该事件做出响应,响应某个事件后执行的程序代码就是事件过程。事件过程的一般编写格式如下:

```
Private Sub 对象名_事件([参数列表])
    …
End Sub
```

### 2.1.5 控件

控件(Controls)是 VB 通过工具箱提供的与用户交互的可视化部件,是构成用户界面的基本元素。

VB 中的控件通常分为以下 3 类。

(1)标准控件(或称内部控件)

标准控件指在默认状态下工具箱中显示的控件,这些控件被"封装"在 VB 的". exe"文件中,不可从工具箱中删除,如表 2-1 所示。

(2)ActiveX 控件

为了方便用户设计功能强大的复杂应用程序,VB 和第三开发商提供了大量的 ActiveX 控件,如在专业版和企业版中提供的通用对话框、动画、多媒体 MCI 控件等。ActiveX 控件单独保存在". ocx"类型的文件中。

(3)可插入对象

用户可将 Excel 工作表或 PowerPoint 幻灯片等作为一个对象添加到工具箱中,编程时可根据需要随时创建可插入对象。

利用控件创建对象是 VB 编程的重要工作之一,它可以使程序员免除大量重复性的工作,能够以最快的速度开发具有良好用户界面的应用程序。

表 2-1 标准控件简介

| 编号 | 标准控件名称 | 作　用 |
| --- | --- | --- |
| 1 | 指针(Pointer) | 这并不是一个控件,但只有选定指针后,才能改变窗体的位置和大小 |
| 2 | 图片框(PictureBox) | 用于显示图像(包括图片和文本),可以装入位图、图标以及 . wmf、. jpg、. gif 等各种图形格式的文件,也可作为其他控件的载体,即父控件 |

| 编号 | 标准控件名称 | 作　用 |
|---|---|---|
| 3 | 标签(Label) **A** | 用来显示文本信息,但不能输入文本 |
| 4 | 文本框(TextBox) |abl| | 既可输入也可输出文本,并可对文本进行编辑 |
| 5 | 框架(Frame) | 组合相关的对象,将性质相同的控件集中在一起 |
| 6 | 命令按钮(CommandButton) | 用于向 VB 应用程序发出命令,单击该控件将执行指定的操作 |
| 7 | 复选框(CheckBox) | 用于多重选择 |
| 8 | 单选按钮(OptionButton) | 用于表示单选的开关状态 |
| 9 | 组合框(ComboBox) | 创建组合框或下拉列表框对象,用户可以从列表中选择一项或人工输入一个值 |
| 10 | 列表框(ListBox) | 用于显示可供用户选择的固定列表 |
| 11 | 水平滚动条(HScrollBar) | 用于表示在一定范围内的数值选择。常放在列表框或文本框中用来浏览信息,或用来设置数值输入 |
| 12 | 垂直滚动条(VScrollBar) | 用于表示在一定范围内的数值选择。常放在列表框或文本框中用来浏览信息,或用来设置数值输入 |
| 13 | 计时器(Timer) | 在给定的时间间隔内捕捉计时器事件,此控件在运行时不可见 |
| 14 | 驱动器列表框(DriveListBox) | 显示当前系统中可用的驱动器列表供用户选择 |
| 15 | 目录列表框(DirListBox) | 显示当前驱动器磁盘上目录列表供用户选择 |
| 16 | 文件列表框(FileListBox) | 显示当前目录中的文件名列表供用户选择 |
| 17 | 形状(Shape) | 设计时用于在窗体中绘制矩形、圆等几何图形 |
| 18 | 直线(Line) | 设计时用于在窗体中绘制直线 |
| 19 | 图像框(Image) | 显示一个位图式图像,可作为背景或装饰的图像元素,单击时其动作类似于命令按钮 |
| 20 | 数据(Data) | 用来连接数据库,并可在窗体的其他控件中显示数据库信息 |

## 2.1.6　窗体

窗体(Form)是一种对象,由属性定义其数据,由方法定义其行为,由事件定义其交互。一个窗体实际上就是一个窗口,它是 VB 编程中最常见的对象,也是程序设计的基础。各个控件对象必须建立在窗体上,一个窗体对应一个窗体模块。

就如我们所看到的 Windows 环境下的应用程序窗口一样,VB 中的窗体具有标题栏和边框。程序员还可以根据自身的需要在窗体上添加菜单栏、工具栏或状态栏。

对于窗体的操作也和 Windows 环境下的窗口操作一样,在运行时,用鼠标拖动标题栏可以移动窗体;将鼠标移动到窗体边框,当出现双箭头时拖动鼠标可以改变窗体的大小。用户也可以通过控制菜单对窗体的位置、大小进行控制。

# 2.2　基本属性、事件和方法

窗体和控件是 VB 程序设计中的两个重要概念，也是创建一个 VB 应用程序界面的基本构造模块。作为对象，他们拥有常用的基本属性，同时，很多对象拥有常用的基本事件和基本方法。本节介绍窗体和控件的基本属性、事件和方法。

## 2.2.1　基本属性

在 VB 中，常用的基本属性如表 2-2 所示，这些属性为大多数标准控件和窗体所共有。

表 2-2　控件和窗体的基本属性

| 基本属性 | 说　明 |
| --- | --- |
| Name | 名称 |
| Caption | 标题 |
| Font | 字体 |
| Height | 高度 |
| Width | 宽度 |
| Top | 距坐标原点的顶端距离 |
| Left | 距坐标原点的左端距离 |
| Enabled | 有效 |
| Visible | 可见 |
| AutoRedraw | 重画属性 |
| BackColor、ForeColor | 背景色、前景色 |
| BorderColor、FillColor | 边框色、填充色 |

（1）Name 属性

Name 属性表示名称属性，是 VB 创建的对象名称，即对象的标识。VB 中任何对象都具有 Name 属性。在 VB 创建对象的过程中，系统根据对象的类别会自动给出默认的名称。例如，VB 程序创建第 1 个文本框的默认名称为"Text1"，创建第 1 个标签的默认名称为"Label1"。但是，用户往往会根据程序设计的规范和习惯，重新对对象的 Name 属性赋值。在程序中，Name 属性仅起到表示的作用，而引用不会显示在窗体上。

（2）Height、Width、Top 和 Left 属性

Height、Width、Top 和 Left 属性，决定对象在界面上的位置和大小，其属性值应用单位为"Twip"，单位换算如下：

1Twip＝1/20 点＝1/1440 英寸＝1/567cm

（3）Caption 属性

Caption 属性表示标题属性，即对象的标题。对于窗体，该属性是显示在标题栏中的文本；对于控件，该属性是显示在控件中或是附在控件之后的文本。创建对象时，其缺省 Caption 属性值与缺省 Name 属性值相同。例如，第 1 个窗体，其缺省的名称和标题均为"Form1"。

（4）Enabled 属性

Enabled 属性设置对象在程序运行时有效或无效，其属性值分别为"True"（缺省值）和"False"。其中，属性值为"True"时，允许用户进行操作，并对操作做出响应；属性值为"False"时，对象呈灰色，禁止用户进行操作。

（5）Visible 属性

Visible 属性决定对象在程序运行时是否可见。同 Enabled 属性一样，Visible 属性的取值也只有两种：True(可见，缺省值)和 False(不可见)。

（6）AutoRedraw 属性

AutoRedraw 属性决定窗体被隐藏或被另一窗体覆盖之后是否重新显示，是否重新还原该窗体被隐藏或覆盖以前的画面，即是否重画。当属性值为"True"时，重新还原该窗体以前的画面；当属性值为"False"时，则不重画。

（7）颜色属性

VB 的窗体和许多控件都有或多或少的颜色属性，常用的有 BackColor（对象的背景色）、ForeColor（在对象中显示的图形或文本的前景色）、BorderColor（对象的边框色）和 FillColor（形状的填充色）。

## 2.2.2　基本事件

在 VB 的各种对象中，大部分窗体和控件都支持以下基本事件。

①Click 事件：Click 事件是在一个对象上按下然后释放某个鼠标键时发生的事件。例如，单击窗体、命令按钮、单选按钮、复选框、列表框、组合框等控件时触发。

②DblClick 事件：DblClick 事件是在一个对象上连续两次按下和释放鼠标键时发生的事件。

③Load 事件：窗体被装入时触发的事件，该事件通常用来在启动应用程序时对属性和变量进行初始化。

④Unload 事件：卸载窗体时触发该事件。

⑤Resize 事件：无论是因为用户交互，还是通过代码调整窗体的大小，都会触发 Resize 事件。

⑥KeyPress 事件：按键事件。

⑦MouseDown/MouseMove/MouseUp：鼠标按下/鼠标移动/鼠标松开事件。

⑧Initalize 事件：初始化事件，在 Load 事件后发生该事件。

⑨Activate/Deactivate 事件：激活/非激活事件。例如，当 A 窗体变成活动窗体时，A 窗

体发生 Activate 事件;当另一个窗体被激活时,A 窗体发生 Deactivate 事件。

### 2.2.3　基本方法

窗体常用的基本方法有 Print(打印输出)、Move(移动)、Cls(清除)、Show(显示)、Hide(隐藏)等。

(1)Print 方法

格式:

**[对象.]Print[{Spc(n)|Tab(n)}][表达式列表][;|,]**

作用:在对象上输出信息。

对象:窗体、图片框或打印机,省略对象时在窗体上输出。

说明:

①Spc(n)函数:用于在输出时插入 n 个空格,允许重复使用。

②Tab(n)函数:用于在输出表达式列表前向右移动 n 列,允许重复使用。

③分号(;):用于紧凑格式输出。光标定位在上一个显示的字符后。

④逗号(,):用于分区格式输出。光标定位在下一个打印区的开始位置处。每个打印区占 14 列。

⑤无分号(;)和逗号(,):表示输出后换行。

**例 2.1**　Print 方法的应用。

在窗体 Form1 的单击事件中写入如下代码:

```
Private Sub Form_Click()
        a = 10
        b = 3.14
        Print "a="; a
        Print "b=", b
        Print "a="; a, "b="; b
        Print                              '空一行
        Print "123456789012345678901234567890"
        Print "a="; a,
        Print "b="; b
        Print Tab(18); "a="; a
        Print Spc(18); "b="; b
    End Sub
```

按功能键 F5 运行程序,单击窗体后,看到如图 2-1 所示的运行结果。

(2)Cls 方法

格式:

**[对象.]Cls**

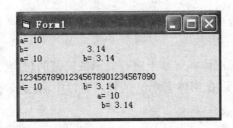

图 2-1　例 2.1 程序运行结果图

作用：清除运行时在窗体或图片框中显示的文本或图形。

**注意：**清屏后当前坐标回到原点。不清除在设计时的文本和图形。

（3）Move 方法

格式：

[对象.]**Move 左边距离**[,上边距离[,宽度[,高度]]]

作用：移动窗体或控件，并可改变其大小。

对象：可以是窗体及除时钟、菜单外的所有控件。

说明：

①左边距离、上边距离、宽度、高度：数值表达式，以 Twip 为单位。

②如果是窗体对象，则"左边距离"和"上边距离"以屏幕左边界和上边界为准，其他对象则以窗体的左边界和上边界为准。

**例 2.2**　使用 Move 方法移动一个窗体。双击窗体时，窗体移动并定位在屏幕的左上角，同时窗体的长宽都缩小一半。

为了实现这一功能，可以在窗体 Form1 的代码窗口中输入下列代码：

```
Private Sub Form_DblClick()
    Form1. Move 0, 0, Form1. Width / 2, Form1. Height / 2
End Sub
```

（4）Show 方法

Show 方法用于在屏幕上显示一个窗体。调用 Show 方法与设置窗体的 Visible 属性为"True"具有相同的效果。

格式：

**窗体名.Show** [**vbModal** | **vbModeless**]

说明：

①有两种可能值：vbModal（缺省）或 vbModeless。Show 方法的可选参数表示从当前窗体或对话框切换到其他窗体或对话框之前用户必须采取的动作。当参数为 vbModal 时，要求用户必须对当前的窗体或对话框做出响应，才能切换到其他窗体或对话框。

②如果要显示的窗体事先未装入，该方法会自动装入该窗体再显示。

（5）Hide 方法

Hide 方法用于使指定的窗体不显示，但并不从内存中删除该窗体。

格式：

**窗体名. Hide**

**例 2.3**　实现将指定的窗体在屏幕上进行显示或隐藏的切换。

为了实现这一功能，可以在窗体 Forml 的代码窗口中输入下列代码：

```
Private Sub Form_Click()
    Form1. Hide                        '隐藏窗体
    MsgBox "单击确定按钮,使窗体重现屏幕"
    Form1. Show                        '重现窗体
End Sub
```

## 2.3　VB 程序的运行过程

一个 VB 应用程序（工程）通常由多种类型的文件构成，其中最主要的是窗体模块和标准模块。与工程有关的全部文件和对象的清单，以及所设置的环境选项方面的信息都保存在工程文件中，扩展名为". vbp"。

一个典型的 VB 应用程序的运行主要包含以下步骤：

①启动应用程序，装载和显示窗体。

②窗体（或窗体上的控件）等待事件的发生，实质是对象等待事件的发生。

③事件发生时，对象执行对应的用户编写的程序（程序中包含对象对其方法的调用）。

④重复执行步骤②和③。

⑤直到遇到"END"结束语句结束程序的运行或按"结束"■按钮强行停止程序的运行。

## 2.4　简单程序开发实例

VB 之所以得到迅速流行和广泛应用，与其编程的特点密不可分。首先，VB 具有可视化的特点，也就是说 VB 将传统的 GUI 界面元素（如窗体、菜单、命令按钮、文本框等）视作不同的属性数据和操作程序封装而成的对象，实现了"所见即所得"的操作效果，程序员只需简单的控件选择就完成了程序界面的设计工作；其次，VB 具有面向对象的特点，采用了事件驱动的编程机制，用户只需对每个对象需要响应的事件分别编写程序代码，而不需要考虑整个程序运行过程的控制；再次，简单易学的 BASIC 语言和 Microsoft Visual Basic 交互的集成开发环境，降低了程序可能的错误，提高了调试程序的效率。

基于以上的优点，建立一个 VB 应用程序，一般经过以下步骤：

①建立用户界面的对象。

②对象属性的设置。

③编写对象事件过程代码。

④程序运行和调试。

⑤保存文件。

下面通过一个简单的实例,掌握 VB 程序设计的一般过程。

**例 2.4**　幸运七游戏。程序运行时如图 2-2 所示,当用户单击"开始"按钮时,就会在 3 个标签中各随机显示一个 0～9 的数字,如果其中有一个或多个 7 时,则在窗体上出现"恭喜你,中奖了!",如图 2-3 所示;否则,出现"很抱歉,没中奖!",如图 2-4 所示。用户单击"结束"按钮,则程序结束运行。

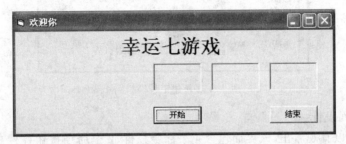

图 2-2　例 2.4 程序运行结果图 1

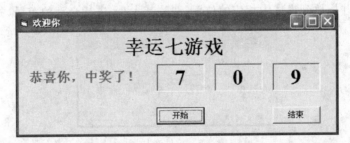

图 2-3　例 2.4 程序运行结果图 2

图 2-4　例 2.4 程序运行结果图 3

(1)新建一个工程文件

①启动 VB 后新建一个工程:在桌面上依次单击"开始"→"程序"→"Microsoft Visual Basic 6.0 中文版"→"Microsoft Visual Basic 6.0 中文版"命令,启动 VB,屏幕上显示"新建工程"对话框,单击"打开"按钮。

②重新建立一个工程:执行"文件"→"新建工程"菜单命令或按快捷键 Ctrl＋N,系统将关闭当前工程,提示用户保存所有修改过的文件。然后打开"新建工程"对话框,单击"标准EXE",再单击"确定"按钮,如图 2-5 所示。VB 将创建一个带有单个新文件的新工程。

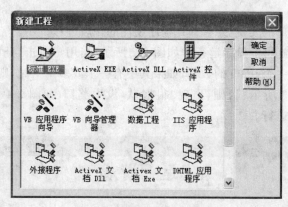

图 2-5　"新建工程"对话框

(2)用户界面设计

从图 2-2 可以直观看出,该界面包含 4 个标签控件、2 个命令按钮控件。由于要在窗体上显示"恭喜你,中奖了!"或"很抱歉,没中奖!",则需再添加 1 个标签控件。从工具箱中用鼠标单击控件,并拖放到窗体中相应的位置,调整其大小,进行合理的布局,如图 2-6 所示。

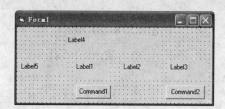

图 2-6　控件布局图

(3)对象属性的设置

窗体和各控件的相关属性设置如表 2-3 所示。

表 2-3　窗体和各控件的相关属性设置

| 控件或窗体名 | 属性 | 属性值 |
| --- | --- | --- |
| Form1 | Caption | 欢迎你 |
| Label1 | Caption | (清空) |
| | BorderStyle | 1-Fixed Single |
| Label2 | Caption | (清空) |
| | BorderStyle | 1-Fixed Single |
| Label3 | Caption | (清空) |
| | BorderStyle | 1-Fixed Single |

续表

| 控件或窗体名 | 属性 | 属性值 |
|---|---|---|
| Label4 | Caption | 幸运七游戏 |
|  | FontBold | True |
|  | FontSize | 22 |
| Label5 | Caption | （清空） |
| Command1 | Caption | 开始 |
| Command2 | Caption | 结束 |

（4）对象事件过程代码的编写

```
Private Sub Command1_Click()
    Randomize
    Label1.Caption = Int(Rnd * 10)          ' pick numbers
    Label2.Caption = Int(Rnd * 10)
    Label3.Caption = Int(Rnd * 10)
    ' if any caption is 7 display coin stack and beep
    If (Label1.Caption = 7)Or (Label2.Caption = 7)Or (Label3.Caption = 7)Then
        Label5.Caption = "恭喜你,中奖了!"
        Label5.ForeColor = vbRed
    Else
        Label5.Caption = "很抱歉,没中奖!"
        Label5.ForeColor = vbBlue
    End If
End Sub

Private Sub Command2_Click()
    End
End Sub
```

（5）调试与运行

执行"运行"→"启动"菜单命令,或按功能键 F5,或单击"运行"按钮 ▶,进入运行状态。如果出现错误或者效果不理想,则需要单击"结束"按钮 ■ 反复调试,直到得到正确结果。

（6）保存文件

执行"文件"→"保存工程"菜单命令,系统将更新当前工程的工程文件及其全部窗体、标准模块和类模块。在保存时,需保存应用程序的相应文件内容,如保存窗体文件(.frm)和工程文件(.vbp)。

# 本章小结

　　本章主要介绍了 VB 的基础理论和基本应用,主要包括 VB 中面向对象编程的基本概念,VB 程序设计过程,常用属性、事件和方法。

　　本章内容是 VB 程序设计最基础的知识,通过本章的学习,读者应该能够深入了解面向对象的编程思想,熟练掌握常用的属性、方法和事件,为以后的学习打下基础。

# 第3章 VB 程序设计语言基础

VB 是在 BASIC 语言的基础上发展起来的,它保留了原来 BASIC 语言中的数据类型和语法,对其中的某些语句和函数的功能作了修改或扩展,并根据语言的可视化要求增加了一些新的操作。在本章中,我们将学习构成 VB 应用程序的基本元素,包括数据类型、常量、变量、运算符、表达式和函数等内容。

## 3.1 VB 程序语句及命令格式

每一种高级程序设计语言源程序代码的书写都有一定的规则,以便于程序的阅读,VB 也不例外,其源程序代码的编写具有如下的风格。

1. VB 源代码不区分字母的大小写

在代码窗口中,VB 对用户输入的程序代码进行自动转换,以提高程序的可读性。

VB 关键字的首字母总被转换成大写,其余字母被转换成小写。若关键字由多个英文单词组成,则每个单词的首字母都被转换成大写。

对用户自己定义的变量、过程名,VB 以第 1 次定义为准,以后输入时 VB 自动向首次定义的变量、过程名转换。

对象名命名规则:每个对象名由 3 个小写字母组成的前缀和表示该对象作用的缩写字母组成,前缀表明对象的类型。例如,cmdExit 表示一个退出命令按钮,cmdEnter 表示一个确认命令按钮。

2. 语句书写自由

同一行可以书写多条语句,各语句间用冒号(:)分隔。一行书写不完的语句,可以分为若干行书写,但须在行后加续行标志(由空格＋下划线(_)组成),然后换行书写。每行字符长度不超过 255 个字符,一条语句最多含 1023 个字符。

3. 适当添加注释有利于程序的维护和调试

以关键字 Rem 或撇号(')开头引导的内容为注释内容,但是只有用撇号开头的注释可以直接出现在语句后面。

可以使用"编辑"工具栏中的"设置注释块"按钮将选定的若干行语句或文字设置为注释,也可以使用"解除注释块"按钮将选定的若干行注释解除。

### 4.命令格式中的符号约定

有关命令格式中的符号约定如表 3-1 所示。

表 3-1    命令格式中的符号约定

| 符号 | 含 义 |
|---|---|
| <> | 必选参数表示符,尖括号中的内容为必选参数 |
| [] | 可选参数表示符,中括号中的内容视具体情况可以省略而采用默认值 |
| \| | 多中取一表示符,竖线分隔的多个选项,具体使用时选择其一 |
| ,… | 重复符号,表示同类参数的重复出现 |
| … | 省略符号,表示省略了可以不涉及的内容 |

### 5.保留行号与下标

必要时可在 VB 源程序的语句行前设置行号或标号。标号是以字母开始以冒号结束的字符串,一般用在转向语句中,但应尽可能地限制使用。

下面给出一段 VB 源程序代码的书写示例:

```
Rem 求两个整数的和
Dim x As Integer, y As Integer, z As Integer        '定义变量 x、y、z 为整型变量
x = 5: y = 25                                        '给变量 x 和 y 赋一个初值
z = x + y                                            '将变量 x 与 y 的和赋给变量 z
Form1. Print x, y, z                                 '在窗体上显示变量 x、y、z 的值
```

# 3.2   数据类型

数据是指能够输入到计算机中,并能被计算机识别和加工处理的符号的集合。数值、字符、图形、图像和声音等都是数据。计算机所能处理的数据必须是有组织的,是按一定结构进行存储的,计算机不能处理杂乱无章的数据,因此计算机中的数据都要拥有自己的数据类型。不同类型数据的取值范围、所适应的运算不同,在内存中所分配的存储单元数目也不同,因此正确区分和使用不同的数据类型,可使程序在运行时占用较少的内存,确保程序运行的正确性和可靠性。

为了更好地处理各种各样的数据,VB 提供了系统定义的基本数据类型,并允许用户根据需要定义自己的数据类型。

在 VB 中,数据类型分为以下 3 种:基本数据类型、用户自定义类型和枚举类型。

## 3.2.1   基本数据类型

基本数据类型是系统定义的数据类型。VB 提供的基本数据类型包括数值型数据和字

符串型数据,此外,还包括日期、逻辑、变体、对象等类型的数据。如表 3-2 所示为 VB 的基本数据类型。

**表 3-2　VB 的基本数据类型**

| 数据类型 | 关键字 | 类型符号 | 存储空间(字节) | 取值范围 |
|---|---|---|---|---|
| 字符串型 | String | $ | 取决于字符串长度 | 定长:0~65535 个字符<br>变长:0~$2.0×10^{10}$ 个字符 |
| 整型 | Integer | % | 2 | $-32768$~32767 |
| 长整型 | Long | & | 4 | $-2147483648$~2147483647 |
| 单精度浮点型 | Single | ! | 4 | 负数:$-3.402823E38$~$-1.401298E-45$<br>正数:$1.401298E-45$~$3.402823E38$ |
| 双精度浮点型 | Double | # | 8 | 负数:$-1.79769313486232D308$~<br>$-4.94065645841247D-324$<br>正数:$4.94065645841247D-324$~<br>$1.79769313486232D308$ |
| 日期型 | Date | 无 | 8 | 01/01/100~12/31/9999 |
| 逻辑型 | Boolean | 无 | 2 | True(真)和 False(假) |
| 货币型 | Currency | @ | 8 | $-922337203685477.5808$~<br>922337203685477.5807 |
| 变体型 | Variant | 无 | 根据需要分配 | |
| 对象型 | Object | 无 | 4 | 任何引用对象 |
| 字节型 | Byte | 无 | 1 | 0~255 |

### 1. 字符串型(String)数据

字符串型数据是指一切可打印的字符和字符串,它是用双引号括起来的一串字符,包括中文字符、英文字符、数字字符和其他 ASCII 字符。例如:

"VB程序设计"、"中国"、"1+2"

在 VB 中有两种类型字符串:定长字符串和变长字符串。

(1)定长字符串

定长字符串是指在程序运行过程中长度始终保持不变的字符串,其最大长度不超过 65535 个字符。

(2)变长字符串

变长字符串是指长度不固定的字符串,随着对字符串变量赋予新的值,其长度可增可减。一个字符串如果没有被定义为定长的,则都属于变长字符串,其长度可以为 0~$2.0×10^{10}$ 个字符。

### 2. 数值型(Numeric)数据

数值型数据是表示数量并可进行算术运算的数据类型,它由数字、小数点和正负号组成。在 VB 中,共提供了两大类数值型数据:整型和浮点型。整型数据是不带小数点和指数符号的数。浮点型数据和货币型数据都是带小数点的数,货币型数据是专门用来表示货币数量的数据类型,所以小数点是固定的;而浮点数据中的小数点是"浮动"的。

**3. 日期型(Date)数据**

日期型数据表示由年、月、日组成的日期信息或由时、分、秒组成的时间信息。日期型数据占 8 个字节内存。日期型数据的书写格式为"mm/dd/yyyy"或"mm-dd-yyyy",或者是其他可以辨认的文本日期。日期取值范围为"01/01/100~12/31/9999",即 100 年 1 月 1 日至 9999 年 12 月 31 日,而时间可以从"00:00:00~23:59:59"。

**4. 逻辑型(Boolean)数据**

逻辑型数据也称为布尔型数据,是描述客观事物真假的数据类型,表示逻辑判断的结果。在内存中以两个字节存储。逻辑型数据取值只有两种:True(真)和 False(假)。

**5. 对象型(Object)数据**

对象型数据用来表示图形、OLE 对象或其他对象,主要是以变量形式存在的。Object 变量通过 32 位(4 字节)来存储,该地址可以引用应用程序中的对象。利用 Set 语句,声明为 Object 的变量可以被赋值并被任何对象所引用。

**6. 变体型(Variant)数据**

VB 中默认的变量类型是 Variant,也就是说,如果程序中使用没有指明类型的变量时,VB 会认为它是 Variant 类型。Variant 数据类型又称为万用数据类型,它是一种特殊的、可以表示所有系统定义类型的数据类型。变体数据类型对数据的处理可以根据上下文的变化而变化,除了定长的 String 数据及用户自定义的数据类型之外,可以处理任何类型的数据而不必进行数据类型的转换,如上所述的数值型、日期型、对象型、字符型。通过 VarType 函数可以检测 Variant 型变量中保存的具体的数据类型。例如:

```
Dim SomeValue As Variant            '定义 SomeValue 为变体型变量
SomeValue="17"                      'SomeValue 包含"17"(双字符的串)
SomeValue=SomeValue-15              '现在 SomeValue 包含数值 2
SomeValue="U" & SomeValue           '现在 SomeValue 包含"U2"
```

此外,还可以包含 4 个特殊的数据:

①Empty(空):表示变量未指定确定的数据。

②Null(无空):通常在数据库应用程序中使用,用来指示未知数或数据丢失。

③Error(出错):指出过程中出现了一个错误条件。

④Nothing(无指向):表示数据还没有指向一个具体对象。

## 3.2.2　用户自定义类型

在 VB 应用程序设计中,程序员可以利用 VB 提供的数据类型,也可以根据实际需要通过 Type 语句来定义自己的数据类型。语句格式如下:

**Type** <数据类型名>

    &lt;元素名&gt;[（下标）] AS &lt;类型名&gt;

    ...

  **End Type**

  其中,"数据类型名"为自定义数据类型名,"元素名"为自定义数据类型中的一个成员,"类型名"为上述基本类型名或自定义数据类型名,"下标"表示数组。

  通常 Type 语句用来定义记录类型。例如,定义一个关于学生信息的自定义数据类型。

```
Type studType
    intNo As Integer              '学号
    strName As String ＊ 20       '姓名
    strSex As String ＊ 1         '性别
    sngScore(1 To 3)As Single     '3 门功课的成绩
    sngTotal As Single            '总分
End Type
```

  一旦定义好了数据类型,就可以在变量声明时使用该类型。例如:

    Dim student As studType

  该语句定义了一个名为 student 的变量,属于 studType 类型。如要访问变量中的某个元素,则需采用如下的格式:

  **变量名.元素名**

  例如:

```
student. intNo               '访问学生的学号
student. sngScore(2)         '访问学生的第 2 门功课的成绩
student. sngTotal            '访问学生的总分
```

  **注意:**

  ①自定义类型必须在标准模块或窗体模块的声明部分定义。在标准模块中定义时,默认为全局变量(Public);在窗体模块中定义时,应在关键字 Type 前加上 Private 关键字。

  ②自定义类型中元素类型如果有字符串,则必须是定长字符串,即应该使用的格式为:

    strName As String＊常数

  其中,"常数"指明定长字符串的长度。

## 3.2.3　枚举型数据

  如果一个变量会出现几种(数目较少)可能存在的值,则可以将其定义为枚举类型。之所以叫枚举,就是说将变量可能存在的情况或是可能的值全部——列举出来。变量和参数都可以定义为枚举类型。

  VB 中枚举类型的声明语法格式如下:

[Public|Private] **Enum** 变量名

**元素名**[＝常数表达式]

**元素名**[＝常数表达式]

**…**

**End Enum**

说明：

①枚举类型在缺省的情况下是 Public。

②被声明为枚举类型的变量名必须是合法的 VB 标识符。

③元素名必须列出，以指定该枚举类型的组成元素的名称。

④常数表达式的值为长整型。如果没有指定常数表达式，那么所赋给的数值是 0（如果该元素是第 1 个元素），或是比其直接前驱元素的值大 1。

⑤枚举类型中的元素被初始化为 Enum 语句中指定的常数值，所赋给的值可以是正数也可以是负数，且在程序运行时不能改变。

例如，现在使用 Enum 语句定义命名常数组成的集合，这些常数是可以选择的颜色，可用来设计数据输入文本框里的颜色。

```
Private Enum Color                        ' 定义名为 Color 的枚举类型
    Black = &H000000&
    White = &HFFFFFF&
    Yellow = &HFFFF00&
    Red = &HFF0000&
    Green = &H00FF00&
    Blue = &H0000FF&
End Enum

Private Sub Command1_Click()
    Dim My_Color As Color                 ' 定义变量 My_Color 为 Color 的枚举类型
    Dim Back_Color As Color               ' 定义变量 Back_Color 为 Color 的枚举类型
    My_Color = Green                      ' 对 My_Color 赋值
    Back_Color = Black                    ' 对 Back_Color 赋值
    Text1.Text = My_Color + Back_Color    ' 文本框内显示 My_Color + Back_Color 的值
End Sub
```

说明：

①Enum 语句只能在模块级别中出现。定义枚举类型后，就可以用它来定义变量、参数或返回该类型的过程。

②不能用模块名来限定枚举类型。类模块中的 Public Enum 类型不是该类的成员，只是他们也被写入到类型库中而已。在标准模块中定义的 Enum 类型则不写到类型库中。

③具有相同名称的 Public Enum 类型不能既在标准模块中定义，又在类模块中定义，因为它们共享相同的命名空间。

④若不同的类型库中有两个枚举类型的名称相同，但成员不同，则对这种类型的变量的

引用将取决于哪个类型库具有更高的引用优先级。

# 3.3 常量与变量

VB 的数据有常量和变量之分,在程序运行过程中值不发生变化的数据称为常量,而变量是指在程序运行过程中其值可以根据需要改变的数据。

## 3.3.1 常量

所谓常量是指在程序中事先设置,运行过程中数值保持不变的数据,它以直观的数据形态和意义直接出现在程序中。VB 中常量分为直接常量和符号常量两种形式。

### 1. 直接常量

按常量取值的数据类型,直接常量可分为字符串常量、数值常量、逻辑常量和日期常量 4 种类型。

(1)字符串常量

字符串常量就是用双引号括起来的一个字符序列,这些字符可以是除双引号、回车符、换行符以外的任何 ASCII 字符。例如:

"Hello!"、"2008 北京奥运会"、"￥2000.00"

说明:

①字符串中包含的字符个数称为字符串长度。VB 中字符串的长度以字为单位,也就是说每一个西文字符和每一个汉字都作为一个字,存储时占两个字节。这与传统概念有所不同,原因是编码方式不同。若双引号中没有任何字符(""),则称为空字符串,其长度为 0。

②字符串中的字符靠 ASCII 码来识别,故此时应区别大小写。例如,"ABC"与"abc"是两个不同的字符串。

③在字符串中必须用两个连续的双引号来表示一个双引号。例如,abc"计算机"abc,在 VB 中表示为"abc""计算机""abc"。

(2)数值常量

数值常量就是平时所说的常数,由数字、小数点和正负号组成。在 VB 中,数值常量分为整型数、长整型数、浮点型数、货币型数和字节型数。

①整型:整型数是不带小数点和指数符号,但可以带正负号的整数。整型数可分别用十进制、八进制和十六进制表示。

● 十进制整数可以带有正号或负号,由数字 0~9 组成,在机器内部以两个字节二进制码形式表示和参与运算。取值范围是"−32768~32767"。VB 中用 ±n[%]来表示十进制整数,其中"%"为整数的类型符,可以省略。例如,−123%、123 都表示整数。

● 八进制整数由 0~7 组成,前面冠以"&"或"&O",可以带正负号,如 &345。取值范围为"－&.177777～&.177777"。

● 十六进制整数由 0～9、a～f(或 A～F)组成,前面冠以"&H"或"&h",可以带正负号,如 &H23、&H67bd。取值范围为"－&HFFFF～&HFFFF"。

②长整型。

● 十进制长整数的组成与十进制整数相同,取值范围为"－2147483648～2147483647"。

● 八进制长整数由 0～7 组成,以"&"或"&O"开头,"&"结尾,如 &035874&。绝对值取值范围为"&O0&～&037777777777&"。

● 十六进制长整数由 0～9 或 a～f(或 A～F)组成,以"&H"或"&h"开头,"&"结尾,如 &H25C&。绝对值取值范围为"&HO&～&HFFFFFFFF&"。

**注意**:输出时,系统将自动把程序中用八进制或十六进制形式表示的整数、长整数转换成十进制数据形式输出。

③浮点型:由符号、指数和尾数 3 部分组成,分为单精度浮点数和双精度浮点数两种类型。

● 单精度浮点数(Single)指带有小数点或写成指数形式的数,指数用"E"或"e"来表示,如－4.5、23.25、＋56.8、－23E4、12.5E－2、.023E－12。一个单精度数在内存中占 4 个字节,其中符号占 1 位,指数占 8 位,其余 23 位表示尾数,有效数字精确到 7 位十进制数。其负数的取值范围为"－3.402823E38～－1.401298E－45",正数的取值范围为"1.401298E－45～3.402823E38"。

**注意**:数 25 与数 25.0 是不同的,前者是整型数(占 2 个字节),后者是浮点数(占 4 个字节)。

● 双精度浮点数(Double)。一个双精度浮点数在内存中占 8 个字节,其中符号占 1 位,指数占 11 位,其余 52 位表示尾数,有效数字精确到 15 位或 16 位十进制数。用"D"或"d"来表示指数,如 345D3、234.25D－12。

④货币型:浮点数的小数点是"浮动"的,通过调整指数可使小数点出现在数的任何位置。货币型数据的小数点是固定的,所以也称定点数。精度为小数点后 4 位,小数点后多于 4 位的部分被截断。货币型数据是专门用来表示货币数量的数据类型。例如,货币常量 3.1415926将存储为 3.1416。

⑤字节型:字节型数据在内存中占 1 个字节,无符号,取值范围为"0～255"。

(3)逻辑常量

逻辑常量表示逻辑判断的结果,只有 True 和 False 两个值。当把逻辑值转换为数值时,True 转为－1,False 转为 0;当把其他类型数据转换为逻辑数据时,非 0 数据转为 True,0 转为 False。

(4)日期常量

日期常量的表示方法是用两个"#"把表示日期和时间的值括起来。日期数据有两种表示方法。

①以符号"#"括起来的任何在字面上可被认作日期和时间的字符。例如,#12/20/2002#、#2008-08-08 8:08:08pm#、#1 Jan,2000#、#January 1,2002#都是合法的日期

数据。

②用数字序列表示,小数点左边的数字表示日期,小数点右边的数字表示时间。0 为午夜,0.5 为中午 12 点,负数代表 1899 年 12 月 31 日前的日期和时间。例如,－2.5 表示 1899 年 12 月 28 日 12:00:00。

如果需要特别指明一个常量的类型,可以在常量后面加上类型说明符。例如:

%——整形

&——长整形

!——单精度浮点数

♯——双精度浮点数

@——货币型

$——字符串型

则"45.28♯"表示该常量为双精度型,"62.75@"表示该常量为货币型。

## 2. 符号常量

符号常量是指用事先定义的符号(即常量名)代表具体的常量值,通常用来代替数值或字符串。符号常量又分为系统内部定义常量和用户定义常量。

系统内部定义的常量是 VB 和控件提供的,这些常量可与应用程序的对象、方法和属性一起使用,在代码中可以直接使用它们。可以在"对象浏览器"对话框中查看内部常量,操作步骤:执行"视图"→"对象浏览器"菜单命令,打开"对象浏览器"对话框。在下拉列表框中选择"VB"或"VBA"对象库,然后在"类"列表框中选择常量组,右侧的成员列表中即显示预定义的常量,窗口底端的文本区域中将显示该常量的功能。

尽管 VB 内部定义了大量的常量,但是有时用户需要创建自己的符号常量。在程序设计过程中,用户经常会遇到一些多次出现或难于记忆的常量值,这时可以用常量定义的方法,用标识符来表示这些常量值,取代应用程序中频繁出现的常量值,提高程序代码的可读性和可维护性。用户定义符号常量使用 Const 语句来给常量分配名字、值和类型。声明常量的一般格式为:

　　[**Public**|**Private**]**Const** <常量名> [**As**<数据类型>]=<表达式>…

说明:

①常量名:用户定义的标识符。

②表达式:由数值常量、字符串常量及运算符组成,可以包含已定义过的符号常量,但不能有函数调用。

例如:

```
Const PI =3.14159265358979
Public Const Cmax As Integer=9
Const Idate= ♯11/30/2000♯
```

在使用符号常量时,须注意以下几点:

①经过声明的常量是常量值的名称,不能在程序中对它重新赋值。但是,一个常量可以

用另外一个常量来定义,所以在使用时尽量避免出现循环定义的情况。例如,以下定义的两个符号常量:A 和 B,就会出现循环定义的情况,导致程序无法正常运行。

```
Public Const A＝B * 2
Public Const B＝A/2
```

②常量定义格式中的"As＜数据类型＞"可用类型说明符代替。

例如:

```
Const MAX&＝234
Const PI#＝3.1415926
```

③常量名不能与关键字或所在过程内的变量或其他常量同名,其有效作用范围为常量声明语句所在的程序单元。

例如:

```
Private Sub Form_Click()
    Const PI ＝ 3.1415926
    r＝ 10
    c＝ 2 * PI * r
    Print "周长＝", c
End Sub
```

常量名 PI 只能在过程 Form_Click()内有效。

### 3.3.2　变量

在程序中处理数据时,对于输入的数据、参加运算的数据、运行结果等临时数据,通常将它们暂时存储在计算机的内存中。在 VB 中,可以用名称表示内存位置,这样就能访问内存中的数据。一个有名称的内存位置称为变量(Variable)。和其他语言一样,VB 也用变量存储数据值。

变量是指在程序运行过程中,取值可以改变的数据。在程序代码中可以使用一个或多个变量。每个变量都有一个名称和相应的数据类型,通过名称来引用这个变量,数据类型决定了该变量的存储方式。变量可以存储字符、数值、日期、属性及其他值。简而言之,变量是用于存储和跟踪各种类型信息的便利工具。

**1. 变量的命名规则**

在 VB 中,变量的命名须遵循以下原则:

①变量名必须以字母或汉字开头,后接字母、汉字、数字或下划线组成的序列,最后一个字符可以是类型说明符。

②变量名中间不能有空格和小数点,变量名的长度不能超过 255 个字符。

③变量名不能用 VB 中的保留字,也不能用末尾带有类型说明符的保留字,但可以把保留字嵌入到变量名中。例如,Print 和 Print $ 是不合法的,而 Print_Num 则是合法的。

④变量名不区分大小写，即 ABC、AbC、aBC 都被看成是同一个变量名。为便于区分，一般常量名全部用大写字母表示，变量名首写字母大写，其余的小写。

⑤为提高程序的可读性，可在变量名前加一个缩写的前缀来表明该变量的数据类型，做到见名知义。

所以在给变量命名时，应注意以下几点：

①命名最好使用有明确意义、容易记忆以及通用的变量名，即要见名知义。例如，用 Sum 代表求和，Stu_Num 代表学生学号等。

②尽可能简单明了，尽量不要使变量名太长，因为太长了不便于阅读和书写。

③变量名不能与过程名和符号常量名相同，更不能用 VB 的关键字做变量名。

④尽量采用 VB 建议的变量名前缀或后缀的约定来命名，以便区分变量的类型，如 intMax,strName。

**2. 声明变量**

在 VB.NET 2003 和 VB 2005 中，必须在使用变量前明确地声明变量，这一点不同于 VB 6.0 和早期版本的 VB。在早期版本的 VB 中，使用一个变量时，可以不加任何声明而直接使用，叫作隐式声明。这是一种很灵活但相当危险的方法，它可能会导致变量混乱和错拼变量名，也就是说会给程序代码带来潜在的错误（Bug），而这些错误通常很难被及时发现，所以变量在使用前最好显式声明。所谓显式声明，是指每个变量在使用前先声明变量名及其数据类型，系统根据所做的声明为变量分配存储单元。

在 VB 2005 中声明变量时，需要在 Dim(Dim 是 Dimension 的缩写)后面加入所需的变量的名称。程序运行时，上述声明语句为变量分配内存空间，并使 VB 了解随后要处理的数据的类型。尽管可以在程序代码中的任何位置进行声明（只要声明发生在使用变量前），很多程序员还是在事件过程或标准程序模块的开始处声明变量。

显式声明变量语句的格式为：

**Dim｜Private｜Static｜Public ＜变量名 1＞[ As ＜类型 1＞][,＜变量名 2＞[ As ＜类型 2＞]]…**

说明：

①"As＜类型＞"可以是 VB 提供的各种标准类型或用户自定义类型名称。若省略"As ＜类型＞"，则所声明的变量默认为变体类型。

例如：

```
Dim x, y As Integer, s As Double
```

上述语句定义了变体变量 x、整型变量 y 和双精度型变量 s。

还可以将类型说明符放在变量名的尾部，表示不同类型的变量。例如，"％"表示整型，"&"表示长整型，"!"表示单精度型，"♯"表示双精度型，"@"表示货币型，"$"表示字符串型。所以语句

```
Dim y As Integer, s As Double
```

也等价于

Dim y ％，s＃

②对于字符串变量，根据其存放的字符串长度是否固定，有两种定义方法：

● **Dim 字符串变量名 As String**　或　**Dim 字符串变量名 $**

● **Dim 字符串变量名 As String ＊ 字符数**

第 1 种方式定义的是变长字符串，最多可存放 2MB 个字符；第 2 种方式定义的是定长字符串，存放的最多字符数由"＊"后面的字符数决定。例如：

```
Dim str1 As String              '定义 str1 为变长字符串
Dim str2 As String  ＊20        '定义 str2 为长度是 20 的定长字符串
Dim str3 $                       '定义 str3 为变长字符串
```

③Dim 用于在标准模块、窗体模块中定义变量，也可以在过程中定义变量。Private 用于在窗体模块或过程中声明变量为私有变量。Static 用于在过程中声明变量为静态变量。所谓静态变量，是指当每次引用该变量后，其值继续保留。这与用 Dim 定义的变量不同，用 Dim 定义的变量，在过程运行结束后，变量的值不会保留，变量值会被重新设置，数值变量重新置为 0，字符串变量置为空。Public 用于在模块中定义全局变量。

声明了变量后，就可以使用赋值运算符（＝）将数据赋给变量了。例如：

```
str2 ＝ "Jefferson"
```

# 3.4　运算符与表达式

设计程序的目的是为了让计算机能自动地对数据进行加工处理，即进行运算。高级语言对数据的处理是分类进行的，同时为每种类型的数据规定了所能进行的运算以及运算的规则。运算的表示是用符号来描述的，如＋、－、＊、/等，称为运算符。表达式是数据之间运算关系的表达形式，由常量、变量、函数、运算符以及圆括号组成。参与运算的数据称为运算量或操作数，由操作数和运算符组成的表达式描述了要进行操作的具体内容和顺序。单个变量或常量也可以看作是表达式的特例。

不同类型的数据使用不同的运算符操作，因为每一个表达式有一个运算结果值，所以表达式也是有类型的，它表示了运算结果的类型。VB 中的运算符可分为算术运算符、字符串运算符、关系运算符和逻辑运算符 4 大类，分别可构成算术表达式、字符串表达式、关系表达式和逻辑表达式。

## 3.4.1　算术运算符与算术表达式

算术运算符是常用的运算符，它们可以对数值型数据进行常规运算，结果为数值。VB 中提供了 8 个算术运算符，表 3-3 按优先级从高到低的顺序列出了这些运算符。

表 3-3　算术运算符

| 运算符 | 含义 | 优先级 | 示例 | 运算结果 |
|---|---|---|---|---|
| ^ | 指数运算 | 1 | 2^3 | 8 |
| — | 取负 | 2 | —8 | —8 |
| * | 乘 | 3 | 2 * 3 | 6 |
| / | 除（浮点数） | 3 | 1/2 | 0.5 |
| \ | 整数除 | 4 | 10\3 | 3 |
| Mod | 求余数运算 | 5 | 10 Mod 3 | 1 |
| + | 加 | 6 | 10+20 | 30 |
| — | 减 | 6 | 3—2 | 1 |

表 3-3 中列出的 8 个运算符中,仅"—"运算符既可作为单目运算符(单个操作数)作取负运算,又可在双目运算(两个操作数)中作算术减运算,其余的 7 个运算符都是双目运算符。加、减(取负)、乘、除等几个运算符的含义与数学中表示的意义相同,在此不作多的解释。下面将详细介绍其余几个运算符的操作及相关表达式。

1. 指数运算符

指数运算符用于计算乘方和方根。

例如:

| | |
|---|---|
| 2^4 | '2 的 4 次方,结果等于 16 |
| 10^—2 | '10 的 —2 次方,结果等于 0.01 |
| 36^0.5 | '36 的平方根,结果等于 6 |
| 8^(1/3) | '8 的立方根,结果等于 2 |
| 8^(—1/3) | '8 的立方根的倒数,结果等于 0.5 |

计算 a^b 时,若左操作数 a 是正实数,则右操作数 b 可以是任意数值;若左操作数 a 是负实数,则右操作数 b 必须是整数。

例如:

| | |
|---|---|
| (—2)^4 | '—2 的 4 次方,结果等于 16 |
| (—10)^—2 | '—10 的 —2 次方,结果等于 0.01 |
| (—36)^0.5 | '错误 |
| (—8)^(1/3) | '错误 |

2. 整数除法与浮点除法运算符

整数除法的运算符是"\",操作数一般为整型数,结果为整型值。如果操作数带有小数部分,VB 首先将其四舍五入为整型数,然后进行整除运算。运算结果被截断为整型数,小数部分不进行四舍五入处理。

例如:

| | |
|---|---|
| 19\4 | '结果等于 4 |

| 19\4.6 | '结果等于 3 |
| 19.2\4 | '结果等于 4 |
| 19.7\4 | '结果等于 5 |
| 19.7\4.6 | '结果等于 4 |

浮点除法的运算符是"/"，左右操作数可以是整数或浮点数，运算结果的类型由其值来决定。

例如：

| 19/4 | '结果等于 4.75 |
| 19.2/4 | '结果等于 4.8 |
| 5.4/1.8 | '结果等于 3 |

### 3. 取模运算符

取模运算的运算符是"Mod"，用来求左操作数整除右操作数所得的余数。如果左右两个操作数为实数，VB 首先将其四舍五入为整型数，然后求余数。运算结果的符号取决于左操作数的符号，即如果左操作数为正数，其结果为正数；如果左操作数为负数，运算结果也为负数。

例如：

| 25 Mod 7 | '结果等于 4 |
| 25 Mod −7 | '结果等于 4 |
| −25 Mod 7 | '结果等于−4 |
| −25 Mod −7 | '结果等于−4 |
| 25.5 Mod 7 | '结果等于 5 |
| 25.5 Mod 7.5 | '结果等于 2 |

算术表达式由算术运算符、数值型常量、变量、函数和圆括号组成，其运算结果为数值。当表达式中含有多种算术运算符时，必须按表 3-3 中所指定的优先级顺序求值。相同级别的运算符从左到右进行运算，如果表达式中有圆括号，则先计算圆括号中表达式的值，且按内层括号到外层括号的顺序计算。

例如：

$$10 * 3 + (23 - 6)/4$$

$$11 \text{ Mod } 4/2$$

$$33 * 5 + \text{Int}(98.56)$$

$$(10 + 5) * 2/\text{Sqr}(25)$$

### 3.4.2　字符串运算符与字符串表达式

字符串运算符有"&"和"+"两种，用来连接两个或更多个字符串，从而生成一个新的字符串。其格式为：

<字符串 1>&|＋<字符串 2>[&|＋<字符串 3>]…

例如：

| | |
|---|---|
| "计算机"＋"程序设计" | ＇结果等于"计算机程序设计" |
| "2008"&"北京奥运" | ＇结果等于"2008 北京奥运" |

字符串变量、字符串常量及字符串函数通过字符串运算符组合而成的表达式，称为字符串表达式，其值也是一个字符串。

在字符串变量后面使用运算符"&"时一定要注意，在变量名和运算符"&"之间应加一个空格。这是因为符号"&"除了是字符串运算符外，还是长整型的类型定义符。当变量与符号"&"连在一起时，VB 首先将"&"作为类型定义符来处理，造成错误结果。

此外，还要注意运算符"&"与"＋"的区别。

①"＋"："＋"既可以作算术加法运算符，也可以作字符串连接符。当作加法运算符使用时，左右操作数均应为数值型；当作连接符使用时，左右操作数均应为字符串型。如果操作数一个是字符串，一个是数值型，则结果出错。但是，如果此字符串是由数字组成的，则系统会将此数字字符串自动转换为数值与另一个数值进行算术运算。

例如：

| | |
|---|---|
| 100＋200 | ＇结果等于 300 |
| "aaa"＋"ccc" | ＇结果等于"aaaccc" |
| "aaa"＋100 | ＇错误 |
| "123"＋100 | ＇结果等于 223 |

②"&"："&"在运算中会忽略操作数的类型，连接符左右的操作数不管是字符串还是数值，进行连接运算前，系统首先将操作数转换成字符串型，然后再进行连接。

例如：

| | |
|---|---|
| 100 & 200 | ＇结果等于"100200" |
| "aaa" & "ccc" | ＇结果等于"aaaccc" |
| "aaa"＋100 | ＇结果等于"aaa100" |
| "123"＋100 | ＇结果等于"123100" |

因此，在进行字符串连接运算时，用"&"比"＋"更安全。

### 3.4.3　关系运算符与关系表达式

关系运算符也称比较运算符，用来对两个相同类型的操作数进行比较。由操作数和关系运算符组成的表达式称为关系表达式，其结果是一个逻辑值，若关系成立，返回真（True），否则返回假（False）。在 VB 中，True 用－1 表示，False 用 0 表示。进行比较的数据可以是数值型、字符型或日期型。VB 提供了 8 个关系运算符，如表 3-4 所示。

表 3-4　关系运算符

| 运算符 | 含义 | 示例 | 运算结果 |
|---|---|---|---|
| = | 等于 | 6＋4＝10 | True |
| ＞ | 大于 | 5 * 4＞20 | False |
| ＜ | 小于 | "A"＜"B" | True |
| ＞＝ | 大于等于 | 1.5＋2＞＝4.5 | False |
| ＜＝ | 小于等于 | 7－5＜＝8 | True |
| ＜＞ | 不等于 | 4 * 3＜＞5＋5 | True |
| Like | 字符串匹配 | "ABCD" Like " * B * " | True |
| Is | 比较对象变量 | | |

对关系运算符进行使用时须注意以下规则：

①如果两个操作数是数值型数据，则在计算时按其数值大小进行比较。

例如：

3 * 4＜5＋8　　　　　　　　　'结果等于 True

14/5 * 2＞6　　　　　　　　　'结果等于 False

但是当对单精度或双精度数据进行比较时，因为机器的运算误差，可能会得不到希望的结果。因此应避免直接判断两个浮点数是否相等，而改成对两个数误差的判断。

例如，假设 num1 和 num2 是两个浮点数，若

Abs(num1－num2)＜1E－6

则 num1 等于 num2，即当 num1 与 num2 差的绝对值小于一个很小的数（1 的－6 次方）时，就认为这两个浮点数已经相等了。

②如果两个操作数是日期型数据，将日期看成"yyyymmdd"的 8 位整数，按数值大小进行比较，或者说离现在日期越近的日期值越大。

例如：

♯1990-10-20♯＜♯1980-10-23♯　　　　'结果等于 False

③当两个操作数是字符串型数据时，如果是单个字符，则按 ASCII 码值进行比较；如果是字符串，则不是比较字符串的长短，而是按字符的 ASCII 码值从左到右逐个进行比较。即首先比较两个字符串的第 1 个字符，相同，则比较第 2 个字符，依此类推，直到出现不同的字符为止，其 ASCII 码值大的字符串值大。如果是汉字字符，则按区位顺序进行比较。

例如：

"a"＜"b"　　　　　　　　　　　'结果等于 True

"abcd"＞"abr"　　　　　　　　　'结果等于 False

"计算机"＜"程序设计"　　　　　　'结果等于 False

"助教"＞"教授"　　　　　　　　'结果等于 False

④关系运算符的优先级相同。

⑤"Like"运算符用来比较字符串表达式和 SQL 表达式中的样式,主要用于数据库查询。"Is"运算符用于两个对象变量引用的比较,同时它还可以用在 Select Case 语句中。

### 3.4.4　逻辑运算符与逻辑表达式

逻辑运算又称布尔运算。逻辑运算符的左右操作数要求为逻辑值。用逻辑运算符连接两个或多个逻辑量组成的式子称为逻辑表达式或布尔表达式。逻辑表达式可以由关系表达式、逻辑运算符、逻辑常量、逻辑变量和函数组成,其逻辑运算的结果为逻辑型数据,即 True 或 False。如表 3-5 所示为 VB 中按运算优先级从高到低的逻辑运算符。

表 3-5　逻辑运算符

| 运算符 | 含义 | 优先级 | 示例 | 运算结果 |
| --- | --- | --- | --- | --- |
| Not | 逻辑非 | 1 | Not 3>2 | False |
| And | 逻辑与 | 2 | 3<=6 And 5>2 | True |
| Or | 逻辑或 | 3 | 4<=6 Or 5>2 | True |
| Xor | 异或 | 4 | 30>8 Xor 15<6 | True |
| Eqv | 等价 | 5 | 13>=6 Eqv 20>5 | True |
| Imp | 蕴含 | 6 | 3<=6 Imp 2>5 | False |

#### 1.逻辑非(Not)运算

"Not"是单目运算符,又叫取反运算,只作用于后面的一个逻辑操作数。当操作数为假时,结果为真,否则为假。

例如:

```
Not(5>8)                    '结果等于 True
Not("aaa"<"bbb")            '结果等于 False
```

#### 2.逻辑与(And)运算

"And"是双目运算符,只有当两个操作数均为真时,表达式结果才为真,只要其中有一个操作数为假,表达式结果为假。

例如:

```
4<9 And 8>5                 '结果等于 True
5>2 And 8<3                 '结果等于 False
15>20 And False             '结果等于 False
```

#### 3.逻辑或(Or)运算

"Or"是双目运算符,两个操作数中只要有一个为真,表达式结果为真,只有当两个操作数都为假时,表达式结果才为假。

例如：

    4＜9 Or 1＝2                            ′结果等于 True
    5＜4 Or 3＜＞3                          ′结果等于 False
    True Or x＝y                            ′结果等于 True

### 4. 异或（Xor）运算

"Xor"是双目运算符，当两个操作数中一个为真，一个为假时，表达式结果为真，而当它们同时为真或同时为假时，表达式结果为假。

例如：

    5＞2 Xor 8＜3                           ′结果等于 True
    5＞2 Xor True                           ′结果等于 False
    4＞7 Xor 3＋4＜5                         ′结果等于 False

### 5. 等价（Eqv）运算

"Eqv"是双目运算符，当两个操作数同时为真或同时为假时，表达式结果为真，否则表达式结果为假。

例如：

    5＞2 Eqv 8＜3                           ′结果等于 False
    5＞2 Eqv True                           ′结果等于 True
    4＞7 Eqv 3＋4＜5                         ′结果等于 True

### 6. 蕴含（Imp）运算

"Imp"是双目运算符，只有当第 1 个操作数为真，第 2 个操作数为假时，表达式结果为假，其余的结果全为真。

例如：

    5＞3 Imp 6＜4                           ′结果等于 False
    True Imp 6＞5                           ′结果等于 True
    4＞7 Imp 3＋4＜5                         ′结果等于 True
    5＞2 Imp True                           ′结果等于 True

如果逻辑运算符是对数值型数据进行运算，则以数值的二进制值逐位进行逻辑运算。

例如：

    6 Or 3

表示对二进制数 110 和 011 进行逻辑或运算，得到的二进制值是 111，结果是十进制的数据 7。

对数值进行逻辑运算有如下作用：

①逻辑与运算常用来屏蔽某些位，利用这一运算可在键盘事件中判定是否按下了 Shift、Ctrl、Alt 等键，也可用来分离颜色码。

例如：

　　　　X And 7

此表达式用来保留 X 中的最后 3 位,其余位置零。

②逻辑或常用来把某些位置 1。

例如:

　　　　X Or 7

此表达式用来将 X 的最后 3 位置 1,其余位保持不变。

③对一个数连续进行两次 Xor 操作,可恢复原值。在动画设计时,用 Xor 模式可恢复原来的背景。

## 3.4.5　日期运算符与日期表达式

日期表达式是指含有日期操作数的表达式,其运算符只有加(+)和减(-)。日期表达式共有 3 种情况。

①两个日期型数据相减,结果是一个整型数据,即两个日期相差的天数。

例如:

　　　　♯2008-08-08♯ - ♯2008-07-23♯　　　　　　　　'结果等于 16

②日期型数据加上一个整型数据,结果仍为一日期型数据,表示将来的某个日期。

例如:

　　　　♯2008-01-01♯ +100　　　　　　　　　　'结果等于 2008-4-10

③日期型数据减去一个整型数据,结果仍为一日期型数据,表示过去的某个日期。

例如:

　　　　♯2008-01-01♯ -100　　　　　　　　　　'结果等于 2007-9-23

## 3.4.6　运算符的优先级

在一个表达式中有可能包含了上面介绍的多种运算符,各种运算符混合运算时,计算机将按照下面的先后顺序对表达式进行求值:

　　　　**函数运算→算术运算→关系运算→逻辑运算**

例如:

一个数值表达式的计算顺序如下:

$100/\text{Sqr}(3) * 2 - 45$
　　　↑　　↑　↑　↑
　　　②　①　③　④

一个逻辑表达式的计算顺序如下:

$$3+Abs(-5)<10 \ Or \ Not(6>7)$$

$$\uparrow \quad \uparrow \quad \uparrow \quad \uparrow \quad \uparrow \quad \uparrow$$

$$③ \quad ② \quad ④ \quad ⑥ \quad ⑤ \quad ①$$

在算术运算中,如果不同数据类型的操作数混合运算时,VB 规定运算结果的数据类型采用精度高的数据类型,即将低精度转换为操作数中精度最高的数据精度。

**Integer→Long→Single→Double→Currency**

但是,当 Long 型数据与 Single 型数据进行运算时,结果为 Double 型数据。

同时,在书写表达式时,我们还要注意以下的细节:

①表达式要在同一行上书写成线性序列。每个符号占一格,所有符号都必须一个一个并排写在同一基准上,不能出现上标和下标。

例如:

$$\frac{-b+\sqrt{b^2-4ac}}{2a}$$

应写成

$$(-b+Sqr(b^2-4*a*c))/(2*a)$$

其中,"Sqr"为求平方根的函数名。

②乘法运算符不能省略,也不能用"·"代替。

例如:

x * y

不能写成

xy

前面是一个算术表达式,而后面是一个变量名。

③表达式中有括号,要先求括号内的值,括号可以改变运算符的运算顺序。在表达式中只能使用圆括号,可以嵌套,且必须配对使用,没有方括号和大括号。

# 3.5　VB 的常用内部函数

函数一般用来实现数据处理过程中的特定运算和操作,它是 VB 的一个重要组成部分。VB 的函数分为两类:内部函数和用户自定义函数。本节主要介绍 VB 的内部函数。

内部函数也称标准函数。VB 提供了大量的内部函数,并把这些内部函数都编写成 VB 语言库中的一个子程序,用户在使用这些内部函数时,只需要写出它的函数名和填入函数的参数就可直接引用。其调用格式为:

**函数名([参数])**

若参数有多个,则参数之间必须用逗号隔开。若函数中不带参数,则调用时直接写出函数名。在程序设计语言中,对函数的各个参数都有其规定的数据类型,使用时必须与规定相符。在学习时,要注意每一个函数的参数个数、类型、参数的含义及函数值的类型。

函数通常都有一个返回值,按返回值的数据类型可以将 VB 中的函数分为数学函数、字符串函数、转换函数、日期时间函数和随机函数。

### 3.5.1　数学函数

数学函数用于各种数学运算,与数学中的定义基本相同,但三角函数中的参数以弧度为单位。

1. 计算角度的正弦值函数

格式:

**Sin**(<**数值型表达式**>)

功能:计算用弧度表示的数值型常量或变量表达式的正弦值。返回一个单精度浮点型或双精度浮点型数值。

2. 计算角度的余弦值函数

格式:

**Cos**(<**数值型表达式**>)

功能:计算用弧度表示的数值型常量或变量表达式的余弦值。返回一个单精度浮点型或双精度浮点型数值。

3. 计算角度的正切值函数

格式:

**Tan**(<**数值型表达式**>)

功能:计算用弧度表示的数值型常量或变量表达式的正切值。返回一个单精度浮点型或双精度浮点型数值。

**注意**:表达式值接近"$+\pi/2$"或"$-\pi/2$"时,会出现溢出。

4. 计算角度的反正切值函数

格式:

**Atn**(<**数值型表达式**>)

功能:计算反正切值。返回一个双精度浮点型数值,是一个用弧度表示的角度。

5. 求绝对值函数

格式:

**Abs**(<**数值型表达式**>)

功能:计算数值型常量或变量表达式的绝对值。返回一个大于或等于零的数值常数。

6. 求指数函数

格式:

    **Exp**(<**数值型表达式**>)

功能:将数值型表达式的值作为指数 x,求出 $e^x$ 的值。返回一个单精度浮点型或双精度浮点型数值。

7. 求自然对数函数

格式:

    **Log**(<**数值型表达式**>)

功能:计算数值型常量或变量表达式的自然对数。返回一个单精度浮点型或双精度浮点型数值。

8. 求平方根函数

格式:

    **Sqr**(<**数值型表达式**>)

功能:计算数值型常量或变量表达式的算术平方根,要求表达式的值不小于零。返回数值型常量。

9. 判断符号函数

格式:

    **Sgn**(<**数值型表达式**>)

功能:判断数值型常量或变量表达式的符号。当表达式的值大于 0 时,返回值为 1;当表达式的值等于 0 时,返回值为 0;当表达式的值小于 0 时,返回值为 $-1$。

10. 取整函数

格式 1:**Int**(<**数值型表达式**>)

格式 2:**Fix**(<**数值型表达式**>)

格式 3:**Cint**(<**数值型表达式**>)

功能:Int 函数取小于或等于数值型表达式的最大整数;Fix 函数取数值型表达式的整数部分,即截掉浮点数或货币数的小数部分;Cint 函数是将数值型表达式的小数部分四舍五入得到一个整数。

例如:

x=56.72

Print Int(x),Int(-x),Fix(x),Fix(-x),Cint(x)

输出结果:

  56  -57  56  -56  57

### 3.5.2　字符串函数

前面已经介绍过,VB中字符串的长度是以字为单位的,这与编码方式有关。Windows系统对字符采用了 DBCS(Double Byte Character Set)编码,用来处理使用象形文字字符的东亚语言。DBCS编码实际上是一套单字节与双字节的混合编码。西文和 ASCII 编码一样,是单字节,中文以双字节编码。

VB中采用的是 Unicode 编码,是用国际标准化组织(International Organization for Standardization,ISO)字符标准来存储的操作字符串。Unicode 是全部用两个字节表示一个字符的字符集。为了保持与 ASCII 码的兼容性,Unicode 编码保留了 ASCII,仅将其字节数变为两个,增加的字节以零填入。

为了适应不同软件系统的需要,VB还提供了 StrConv 函数作为 Unicode 与 DBCS 之间的转换。下面讨论几个常用的字符串函数。

**1.删除字符串前后空格函数**

格式 1:**LTrim(＜字符串表达式＞)**

格式 2:**RTrim(＜字符串表达式＞)**

格式 3:**Trim(＜字符串表达式＞)**

功能:删除字符串常量或变量表达式的前后空格。LTrim 函数删除字符串表达式左边的空格;RTrim 函数删除字符串表达式右边的空格;Trim 函数删除字符串表达式左右两边的空格。

例如,设字符串 s=″␣␣计算机等级考试␣␣″,则

    Print LTrim(s);RTrim(s);Trim(s)

的输出结果为:

    计算机等级考试␣␣␣␣␣计算机等级考试计算机等级考试

LTrim、RTrim 和 Trim 函数仅对前后空格进行删除,如果字符串中间含有空格,则不能删除。

例如,设字符串 s=″␣␣计算机␣等级考试␣␣″,则

    Print LTrim(s);RTrim(s);Trim(s)

的输出结果为:

    计算机␣等级考试␣␣␣␣␣计算机␣等级考试计算机␣等级考试

**2.字符串长度测试函数**

格式 1:**Len(＜字符串表达式＞)**

格式 2:**LenB(＜字符串表达式＞)**

功能:Len 函数测试字符串表达式的字符个数;LenB 函数测试字符串表达式存储时所占的字节数。

例如,设字符串 s＝″VB 程序设计″,如果是求 Len(s),则运行结果是 6,即 s 字符串中含有 6 个字符;如果是求 LenB(s),则运行结果是 12,即 s 字符串的存储空间为 12 个字节。

**注意:** VB 4.0 以上版本采用了一种新的字符处理方式,一个英文字符或一个汉字都看作是一个字符,均占用两个字节的存储空间。

### 3. 求子串函数

格式 1:

**Left**(＜字符串表达式＞,＜数值型表达式＞)

功能:从字符串表达式左边的第 1 个字符开始截取子串,若数值型表达式的值大于 0,且小于等于字符串的长度,则子串的长度与数值型表达式值相同;若数值型表达式的值大于字符串的长度,则给出整个字符串;若数值型表达式的值小于 0,则出错。

例如:

```
S1＝″VB 程序设计″
S2＝Left(S1,4)
S3＝Left(S1,12)
Print S2,S3
```

输出结果:

```
VB 程序　　VB 程序设计
```

格式 2:

**Right** (＜字符串表达式＞,＜数值型表达式＞)

功能:从字符串表达式右边的第 1 个字符开始截取子串,若数值型表达式的值大于 0,且小于等于字符串的长度,则子串的长度与数值型表达式值相同;若数值型表达式的值大于字符串的长度,则给出整个字符串;若数值型表达式的值小于 0,则出错。

例如:

```
S1＝″VB 程序设计″
S2＝Right(S1,4)
S3＝Right(S1,12)
Print S2,S3
```

输出结果:

```
程序设计　　VB 程序设计
```

格式 3:

**Mid**(＜字符串表达式＞,＜数值型表达式 1＞[,＜数值型表达式 2＞])

功能:对字符串表达式从指定位置开始截取若干个字符,起始位置和字符个数分别由数值型表达式 1 和数值型表达式 2 决定。若字符个数省略,或字符个数多于从起始位置到原字符串尾部的字符个数,则取从起始位置开始,一直到字符串尾部的所有字符作为函数值;

若字符个数为 0,则函数值为空串。

例如:

```
K="VB 程序设计语言"
X=Mid(K,3,4)
Y=Mid(K,3)
Z=Mid(K,3,8)
Print X,Y,Z
```

输出结果:

程序设计　程序设计语言　程序设计语言

显然,Mid 函数也可以实现 Left 函数与 Right 函数的功能。

例如:

```
S="中国北京"
Print Left(S,2),Mid(S,1,2)
```

这两个函数的输出值均为"中国"。

### 4.生成字符串函数

格式:

**String(＜数值型表达式＞,＜字符串表达式＞|ASCII 码)**

功能:返回由指定字符组成的字符串,字符串个数由数值型表达式决定。如果第 2 个参数为字符串,将返回由该字符串第 1 个字符组成的字符串;如果第 2 个参数是 ASCII 码值,则返回由该 ASCII 码对应的字符组成的字符串。

例如:

```
m="ABCDEFG"
n=String(4,m)
k=String(3,68)
Print n
```

输出结果:

AAAA　DDD

n="AAAA"是因为 n 取 m 字符串的第 1 个字符"A"来组成字符串;k="DDD"是因为 ASCII 值 68 所对应的字符是"D"。

### 5.大小写字母转换函数

格式 1:**Ucase(＜字符串表达式＞)**
格式 2:**Lcase(＜字符串表达式＞)**

功能:Ucase 函数把字符串表达式中的小写字母转换为大写字母;Lcase 函数把字符串表达式中的大写字母转换为小写字母。

例如：

 m＝"Hello"
 X＝Ucase(m)
 Y＝Lcase(m)
 Print X,Y

输出结果：

 HELLO　hello

### 6.空格函数

格式：

**Space**（＜数值型表达式＞）

功能：返回由空格组成的字符串，字符串的个数由数值型表达式的值决定。

例如：

 k＝"ABC"＋Space(2)＋"EFG"
 Print k
 Print Len(k)

输出结果：

 ABC ⌴⌴ EFG
 8

### 7.查找字符串函数

格式1：

**InStr**([＜数值型表达式1＞,]＜字符串表达式1＞,＜字符串表达式2＞[,＜数值型表达式2＞])

 功能：从字符串表达式1中的指定位置从左往右查找字符串表达式2。指定位置由数值型表达式1决定，若省略数值型表达式1(若数值型表达式1省略，则不能带参数数值型表达式2)，从头开始查找。若数值型表达式2等于1，则在查找时不区分大小写；若数值型表达式2等于0或省略，则在查找时区分大小写。

 如果在字符串表达式1中找到了字符串表达式2，则返回字符串表达式1中第1次与字符串表达式2匹配的第1个字符的顺序号；若找不到，则返回0。

例如：

 x＝InStr(2, "ABEfCDEF","EF",0)
 y＝InStr(2, "ABEfCDEF","EF",1)
 z＝InStr(2, "ABEfCDEF","EF")
 m＝InStr("ABEfCDEF","EF")
 n＝InStr(2, "ABEfCDEF","AF",0)
 Print x,y,z,m,n

输出结果：

　7 3 7 7 0

格式 2：

**InStrRev(<字符串表达式 1>,<字符串表达式 2> [,<数值型表达式 1>] [,<数值型表达式 2>])**

功能：从字符串表达式 1 中的指定位置从右往左查找字符串表达式 2。指定位置由数值型表达式 1 决定,若省略数值型表达式 1(若数值型表达式 1 省略,则不能带参数数值型表达式 2),从尾开始查找。若数值型表达式 2 等于 1,则在查找时不区分大小写;若数值型表达式 2 等于 0 或省略,则在查找时区分大小写。

如果在字符串表达式 1 中找到了字符串表达式 2,则返回字符串表达式 1 中第 1 次与字符串表达式 2 匹配的第 1 个字符的顺序号;若找不到,则返回 0。

例如：

x＝InStrRev(″ABEfCDEF″,″EF″,6,1)
y＝InStrRev(″ABEfCDEF″,″EF″,6,0)
z＝InStrRev(″ABEfCDEF″,″EF″,6)
m＝InStrRev(″ABEfCDEF″,″EF″)
Print x,y,z,m

输出结果：

　3 0 0 7

### 8. 字符串反序函数

格式：

**StrReverse (<字符串表达式>)**

功能：返回由字符串表达式反序组成的字符串。

例如：

Print StrReverse(″ABCDEF″)

输出结果：

FEDCBA

### 9. DBCS 码与 Unicode 码转换函数

格式：

**StrConv (<字符串表达式>,VBFromUnicode|VBUnicode)**

功能：″StrConv (<字符串表达式>,VBFromUnicode)″返回字符串表达式的 DBCS 码字符串;″StrConv (<字符串表达式>,VBUnicode)″返回字符串表达式的 Unicode 码字符串。

例如：

```
s1="Visual Basic 程序设计教程"
s2=StrConv(s1,VBFromUnicode)        ' Unicode 码转换成 DBCS 码
s3=StrConv(s2,VBUnicode)            ' DBCS 码转换成 Unicode 码
Print Len(s1)
Print LenB(s1)
Print Len(s2)
Print LenB(s2)
Print LenB(s3)
```

输出结果：

```
18                      's1 字符串的长度
36                      's1 字符串所占字节数
12                      's2 字符串的长度
24                      's2 字符串所占字节数
36                      's3 字符串所占字节数
```

### 3.5.3　数据类型转换函数

转换函数用于数据类型或形式的转换，包括整型、浮点型、字符串以及与 ASCII 码字符之间的转换，下列介绍几个常用的转换函数。

**1. 将字符转换成 ASCII 码函数**

格式：

　　**Asc**（<字符串表达式>）

功能：给出字符串表达式最左边的字符的 ASCII 码值。函数返回值是数值型。

例如：

```
Num=Asc("good")
Print Num
```

输出结果：

```
103
```

即"g"字符的 ASCII 码值。

**2. 将 ASCII 码转换成相应的字符函数**

格式：

　　**Chr**（<数值型表达式>）

功能：将数值型表达式的值作为 ASCII 码，给出其对应的字符。

例如：

```
Ch=Chr(98)
```

```
Print Ch
```

输出结果：

b

因为"b"的 ASCII 码值是 98。

### 3．将数值转换成字符串函数

格式：

**Str**（＜数值型表达式＞）

功能：将一个数值型数据转换成字符串序列。数值型表达式可以是整型、长整型、单精度浮点型、双精度浮点型和货币型中的任意一种（常量、变量或表达式）。

例如：

```
X％＝1234
A $ ＝Str(X)
Print A
```

运行后，A＝"1234"。

### 4．将字符串转换成数值函数

格式：

**Val**（＜字符串表达式＞）

功能：将由数字、正负号、小数点组成的字符串转换为数值。若在参数字符串中包含"."，则只将最左边的一个"."转换成小数点；若参数字符串中包含有"＋"或"－"，则只将字符串首的"＋"、"－"转换成正、负号；若参数字符串中还包含有除数字以外的其他字符，则只将字符串中其他字符以前的字符串转换成数值；若参数字符串的第 1 个字符即非数字字符，则函数值为 0。

例如：

```
A＝"－3.14＋6"
B＝"123.456.78"
C＝"23efg67"
D＝"xyz"
Print Val(A),Val(B),Val(C),Val(D)
```

输出结果：

－3.14　123.456　23　0

### 5．将数值转换成货币型函数

格式：

**Ccur**（＜数值型表达式＞）

功能:将一个数值型数据转换成货币型,若参数小数部分多于 4 个,则将多出的部分四舍五入。

例如:

    X=123.456789

    Print Ccur(X)

输出结果:

    123.4568

### 6. 十进制数值转换成十六进制数值函数

格式:

    **Hex**(＜数值型表达式＞)

功能:将十进制数值转换成与之对应的十六进制数值或字符串。

例如:

    X=12

    Print Hex(X)

输出结果:

    C

### 7. 十进制数值转换成八进制数值函数

格式:

    **Oct**(＜数值型表达式＞)

功能:将十进制数值转换成与之对应的八进制数值或字符串。

例如:

    X=12

    Print Oct(X)

输出结果:

    14

## 3.5.4 日期时间函数

日期时间函数是处理日期和时间数据的函数。

### 1. 系统日期和时间函数

格式 1:

    **Now**[()]

功能:给出当前的系统日期和时间,输出格式为"yyyy-mm-dd hh:mm:ss"。

例如:

　　Print Now

输出结果:

　　2008-09-25 10:31:30

格式 2:

　　**Date**[( )]

功能:给出当前的系统日期,输出格式为"yyyy-mm-dd "。

例如:

　　Print Date

输出结果:

　　2008-09-25

格式 3:

　　**Time**[( )]

功能:给出当前的系统时间,输出格式为"hh:mm:ss"。

例如:

　　Print Time

输出结果:

　　10:31:30

## 2.产生日期函数

格式 1:

　　**DateSerial**(＜整型数值表达式 1＞,＜整型数值表达式 2＞,＜整型数值表达式 3＞)

功能:产生一个日期,3 个整型数值表达式分别代表年、月、日。

例如:

　　Print DateSerial(2000,10,8)

输出结果:

　　2000-10-8

格式 2:

　　**DateValue**(＜字符串表达式＞)

功能:产生一个日期,字符串表达式是一个日期字符串。

例如:

```
Print DateValue("0,1,20"),DateValue("2000-01-20")
```

输出结果：

```
2000-1-20   2000-1-20
```

### 3. 求年份值函数

格式：

**Year(<字符串表达式>|<数值型表达式 N>)**

功能：字符串表达式是一个日期字符串，返回该日期所对应的年。若参数为数值型表达式，则表示"1899 年 12 月 31 日"前后的天数。当 N>0，返回"1899 年 12 月 31 日"N 天后的年份；若 N<0，则返回"1899 年 12 月 31 日"N 天前的年份。结果为整数。

例如：

```
Print Year("2001,12,20"),Year(-1),Year(365)
```

输出结果：

```
2001   1899   1900
```

### 4. 求月份值函数

格式：

**Month(<字符串表达式>)**

功能：字符串表达式是一个日期字符串，返回该日期所对应的月。结果是一个整数（1～12）。

例如：

```
Print Month("2002,8,25")
```

输出结果：

```
8
```

### 5. 求月份名函数

格式：

**MonthName(<字符串表达式>|<数值型表达式>)**

功能：字符串表达式必须是只有一个字符的字符串，且字符是数字"1"～"12"。数值型表达式为 1～12 之间的整数。

例如：

```
Print MonthName("2"),MonthName(6)
```

输出结果：

```
二月   六月
```

**6.计算日期值函数**

格式:

**Day(<字符串表达式>)**

功能:字符串表达式是一个日期字符串,返回该日期所对应的日。结果是一个整数(1~31)。

例如:

Print Day("2002,8,25")

输出结果:

25

**7.计算小时函数**

格式:

**Hour(<字符串表达式>)**

功能:字符串表达式为时间格式,返回该时间的小时值。结果是一个整数(0~23)。

例如:

Print Hour("20:16:27")

输出结果:

20

**8.计算分钟函数**

格式:

**Minute(<字符串表达式>)**

功能:字符串表达式为时间格式,返回该时间的分钟值。结果是一个整数(0~59)。

例如:

Print Minute("20:16:27")

输出结果:

16

**9.计算秒函数**

格式:

**Second(<字符串表达式>)**

功能:字符串表达式为时间格式,返回该时间的秒值。结果是一个整数(0~59)。

例如:

Print Second("20:16:27")

输出结果:

27

### 10.计算星期值函数

格式:

**Weekday(＜字符串表达式＞)**

功能:字符串表达式为日期格式,返回该天所对应的星期。返回一个整数值(1~7)。1 代表星期日,2 代表星期一,3 代表星期二,…,7 代表星期六。

例如:

Print Weekday("2007,6,28")

输出结果:

5　　　　　　　　　　　　　　　　　　'代表星期四

### 11.求星期名函数

格式:

**WeekdayName(＜数值表达式＞)**

功能:求数值表达式所表示的星期名称。数值表达式的值为 1~7。

例如:

Print WeekdayName(4)

输出结果:

星期三

## 3.5.5　随机函数与随机数语句

在测试、模拟及游戏程序中,经常使用随机数。VB 的随机函数和随机数语句是用来产生这种随机数的。

### 1.随机函数

格式:

**Rnd[(x)]**

功能:产生一个大于等于 0 且小于 1 的单精度随机数。其中,参数 x 是随机数生成时的种子,可有可无。x 与返回值的关系如表 3-6 所示。

表 3-6　Rnd 函数的参数与返回值

| 参数 x | 返回值 |
|--------|--------|
| ＞0 | 以一个随机数作为种子,产生序列中的下一个随机数 |
| ≤0 | 产生与上一次相同的随机数 |
| 省略 | 与大于 0 的情况一样 |

VB 提供了一些参数和语句机制,让用户获取不同形式和范围的随机数。例如,产生指定区间[a,b]的随机数的方法为:

$$Int((b-a+1)*Rnd+a)$$

例如,生成一个大于等于 1 且小于 100 的随机数的方法为:

$$Int((Rnd*100)+1)$$

### 2.随机数语句

当一个应用程序不断地重复使用随机函数 Rnd 时,同一序列的随机数可能会反复出现,用随机数语句可以消除这种情况。

格式:

**Randomize[(x)]**

功能:Randomize 使用参数 x 初始化 Rnd 函数的随机数生成器,赋给它新的种子值。如果省略 x,则使用系统计时器返回的值作为新的种子值。如果不使用 Randomize,则第 1 次调用 Rnd 函数(无参数)时,它将使用相同的数字作为种子值,随后使用最后生成的数值作为种子值。

## 本章小结

本章着重介绍了 VB 应用程序的基本组成元素,介绍了数据类型、常量和变量的概念、运算符和表达式的基本知识以及常用的内部函数。通过本章的学习,读者应该熟练掌握数据类型的定义、常量和变量的定义及使用、常用运算符及内部函数的使用方法。

# 第4章 VB 程序设计

VB虽然采用事件驱动机制,但由于 VB 应用程序主要是由过程组成的,所以要用到结构化程序设计的方法。本章将依次介绍顺序结构、选择结构和循环结构这 3 大类基本的结构化程序设计方法。

# 4.1 顺序结构程序设计

## 4.1.1 赋值语句

VB 中可以使用多种语句,但使用最频繁的语句当数赋值语句。格式为:

[**Let**] 变量名 = 表达式
[**Let**] 对象名.属性 = 表达式

功能:将表达式的值赋给变量或对象的某个属性。
例如:

```
n1=100
s1 = "姓名"
l1 = False
Label1. Caption = s1
Text1. Text = "请输入:" + s1
```

说明:
①关键字 Let 为可选项,通常都省略该关键字。
②赋值语句中的"="是赋值号,与数学中的等号意义不同。先计算表达式的值,然后将结果赋给"="左边的变量或对象的某个属性。
赋值号左边只能是变量,不能是表达式、常量和函数等。
例如:

```
Sin(x) = x + y        '左边是内部函数
5 = a + b             '左边是常量
x + y = a             '左边是表达式
```

以上表达式都是错误的。

③表达式是任何数据的表达式,但"="两边的类型必须一致或相容。

当表达式为数值型且与变量的精度不相同时,强制转换成左边变量的精度。

例如:

  i% = 4.6         '变量 i 是整型变量,结果为 5

当表达式是数字字符串,左边变量是数值类型时,自动转换成数值类型再赋值。但当表达式有非数字字符或空串时,则出错。

例如:

  j! = ′3.14′      '变量 j 是单精度型变量,结果是 3.14
  k! = ′3.a14′     '出现类型不匹配的错误

如果"="左边为 Variant 变量,则表达式可以是任意类型。

④赋值语句中的"="与关系运算符中的"="作用完全不同。

例如:

  a = 7 = 9

其中,第 1 个"="是赋值运算符,第 2 个"="是关系运算符,结果是 Flase。

语句"a=b"和"b=a"是两个结果不同的赋值语句,而在关系表达式中,"a=b"和"b=a"是两个等价的表达式。

⑤当逻辑型赋值给数值型时,True 为 −1,False 为 0;反之,当数值型赋值给逻辑型时,非零为 True,0 为 False。

任何非字符型赋值给字符型变量时,系统自动转换为字符型。

⑥在 VB 中,如果变量未被赋值而直接引用,则数值型变量为 0,字符型变量为空串,逻辑型变量为 False。

⑦不能在同一赋值语句中给多个变量赋值。

例如:

  a = b = c = 1

本意是给 a、b、c 变量赋同一初值 1,书写上没有错误。但在 VB 编译时,将右边的两个"="作为关系运算符,先进行"b=c"的比较,结果为 True(−1);接着进行了 True(−1)与 1 的比较,结果为 False(0);最后将 False 赋值给变量 a。

## 4.1.2　注释、暂停和程序结束语句

### 1.注释语句

为了提高程序的可读性,通常在程序的适当位置加上必要的注释。格式为:

  **Rem 注释内容**

或

　　' 注释内容

说明：

①其中,注释内容可以是任何注释文本。Rem 关键字与注释内容之间要加一个空格。注释语句可独占一行,也可以放在其他语句的后面。如果在其他语句行后使用 Rem 关键字,则必须使用冒号(:)与语句隔开,若用单引号替代 Rem 关键字,则不必使用冒号。

②注释语句是非执行语句,仅对程序的有关内容起注释作用,它不被解释和编译。

③注释语句不能放在续行符的后面。

**2. 暂停语句**

Stop 语句用来暂停语句的执行,作用相当于"运行"菜单中的"中断"命令。格式为：

　　　**Stop**

当执行到 Stop 语句时,系统自动打开立即窗口。

Stop 语句一般用来在解释程序中设置断点,以便对程序进行检查和调试。如果在可执行文件(.exe)中含有 Stop 语句,将关闭所有文件退出运行。因此,当程序调试完毕,在生成可执行文件之前,应删去程序中的所有 Stop 语句。

**3. 结束语句 End**

End 语句通常用来结束一个程序的执行。格式为：

　　　**End**

End 语句提供了一种强迫终止程序的方法。End 语句可放在程序中的任何位置,当程序运行过程中遇到 End 语句时,将中止当前程序,重置所有变量,并关闭所有的数据文件。

但如果程序中没有 End 语句,或者虽有但没有执行含有 End 语句的事件过程,程序就不能正常结束,必须执行"运行"→"结束"菜单命令或单击"标准"工具栏的"结束"按钮。

## 4.1.3　数据的输出

**1. 使用 Print 方法输出数据**

使用 Print 方法,可以在窗体(Form)、调试窗口(Debug)、图片框(PictureBox)、打印机(Printer)等对象中输出文本或表达式的值。

格式：

　　　[对象名.]**Print** [<表达式列表>][{,|;}]

功能：在窗体、图形对象或打印机等对象中输出信息。

说明：

①如果对象名省略,则在当前窗体上输出。

②表达式列表可以是一个或多个任意数值、字符串常量、变量或表达式。若表达式列表缺省,则输出一个空行。

③当要在同一行输出多个表达式的值时,可用分隔符(逗号或分号)将表达式隔开。

④输出语句的输出格式分为标准输出格式和紧凑输出格式。在 VB 中,标准输出格式

把输出的每一行以 14 个字符宽度划分为一个区段,每个数据项占一个区段的位置,这种输出格式排列整齐,适用于数值显示的情况。紧凑输出格式在输出时,对于数值型数据,前面有一个符号位,后面有一个空格;对于每个字符串,各个数据项之间没有间隔。紧凑输出格式适用于用若干个字符串显示连续的结果。

⑤在输出语句中,如果各表达式之间用逗号分隔,则按标准输出格式显示数据;若用分号或空格作分隔符,则按紧凑输出格式输出数据。

⑥在 Print 语句的末尾使用了逗号或分号,则表明显示数据不换行,下一个 Print 语句仍在该行输出。如果希望下一个 Print 输出的内容紧随其后,可在末尾加上一个分号;如果是逗号,则在同一行上跳到下一个显示区段显示下一个 Print 所输出的内容。当输出的数据超过显示行的宽度时,多余的数据自动输出到下一行。

**例 4.1**　Print 方法实例。运行结果如图 4-1 所示。

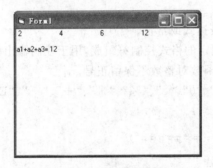

图 4-1　例 4.1 运行图

```
Private Sub Form_Click()
    a1 = 2:a2 = 4:a3 = 6
    Print a1,a2,a3, a1 + a2 + a3
    Print
    Print "a1 + a2 + a3 = "; a1 + a2 + a3
End Sub
```

**例 4.2**　Print 方法实例。运行结果如图 4-2 所示。

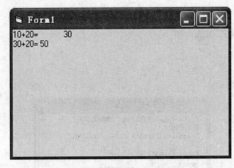

图 4-2　例 4.2 运行图

```
Private Sub Form_Click()
    Print "10 + 20 = ",
```

```
        Print 10 + 20
        Print "30 + 20 = ";
        Print 30 + 20
    End Sub
```

### 2. 格式函数 Format $

用 Print 方法输出数据时,为了以某种特定的格式显示或打印数据,可使用 Format $ 函数来实现。

格式:

**Format $ (表达式[格式字符串])**

功能:按格式字符串指定的格式将表达式以字符串形式返回。

说明:

①表达式一般为数值表达式或常量。

②格式字符串由 VB 规定的格式控制符组成,用于控制输出的格式。默认时,其效果与 Str 函数类似,但 Format $ 函数对整数不保留正号。

③格式控制符包括"#"、"0"、"、"、"%"、"$"、"+"、"−"、"E+"、"E−"。

例如:

```
    Print Format $ (12345,"#######")
    Print Format $ (12345,"##")
```

运行结果如图 4-3 所示。

图 4-3　Format $ 示例图 1

例如:

```
    Print Format $ (12345,"0000000")
    Print Format $ (12345,"00")
```

运行结果如图 4-4 所示。

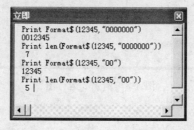

图 4-4　Format $ 示例图 2

**3.使用标签和文本框输入输出**

标签是 VB 中最简单的控件,用于显示文本信息,但不能编辑,通常用于显示提示信息。文本框控件可用来显示或输入文本,与标签配合使用可以很好地控制数据的输入输出。

**例 4.3**　设计一个窗体,如图 4-5 所示。其中,有 3 个标签、3 个文本框和 1 个命令按钮。

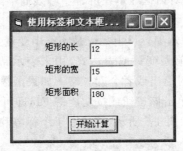

图 4-5　例 4.3 运行界面图

编写命令按钮的 Click 事件代码如下:

```
Private Sub Command1_Click()
    a1 = Text1. Text
    a2 = Text2. Text
    a3 = a1 * a2
    Text3 = a3
End Sub
```

执行“运行”→“启动”菜单命令,分别输入矩形的长和宽,单击“开始计算”按钮,在第 3 个文本框中就会显示矩形的面积。

## 4.1.4　用户交互函数和过程

**1.输入函数 InputBox**

为了输入数据,增加人机交互界面,VB 提供了 InputBox 函数。当调用 InputBox 函数时系统会弹出一个对话框,等待用户输入数据。

格式:

**InputBox (Prompt[ ,Title][ , Defaultl][ , Xpos, Ypos][ , HelpFile,Context])**

功能:产生一个对话框,等待用户输入数据,并返回所输入的文本内容。

说明:

①Prompt:是一个必选项,可以是字符串或字符串变量,用于表示出现在对话框中的提示信息,最长为 1024 个字符。在对话框中显示 Prompt 时,系统会自动换行,如果想按自己的要求换行,可在适当的位置插入回车换行操作“Chr＄(13)＋Chr＄(10)”。

②Title:是可选项,可以是字符串或字符串变量,用于设置输入框的标题信息。

③Default:是可选项,可以是字符串或字符串变量,用于设置输入框的文本中的默认内

容。如果此项为默认值,则对话框的输入区是空白的,否则,在对话框的输入区显示该参数的内容,并作为输入的默认值。如果用户不想用这个默认字符串作为输入值,可在输入区直接输入新的数据。

④Xpos,Ypos:是可选顶,是两个数值表达式,用于设置输入框与屏幕左边和上边的距离(单位为 Twip)。若默认,则对话框显示在屏幕中心线向下约三分之一处。这两个参数必须同时给出,或者全部省略。

⑤HelpFile,Context:是可选项。HelpFile 是字符串变量或字符串表达式,用来表示帮助文件的名字。Context 是数值型变量或表达式,用来表示帮助主题的上下文编号。这两个参数是一起使用的,必须同时给出或者全部省略。如果函数中给出了这两个参数,将在对话框中出现一个"帮助"按钮,单击该按钮或按功能键 F1,即可得到相关的帮助信息。

**例 4.4** 设计一个窗体,如图 4-6 所示,其中有 1 个标签和 1 个命令按钮。

图 4-6 例 4.4 运行界面图 1

编写单击命令按钮响应事件如下:

```
Private Sub Command1_Click()
    Dim a As Single, b As Single,c As Single
    Dim p As String
    a = Val(InputBox("请输入第 1 个数","输入框",0))
    b = Val(InputBox("请输入第 2 个数","输入框",0))
    c = Val(InputBox("请输入第 3 个数","输入框",0))
    h = a + b + c
    p = " "&a&","&b&","&c
    p = p&"的和是:"&Str(h)
    Label1. Caption = p
End Sub
```

操作步骤如下:

①执行"运行"→"启动"菜单命令,单击"请输入 3 个数"按钮,弹出如图 4-7 所示的对话框,在输入区中输入第 1 个数字,单击"确定"按钮。

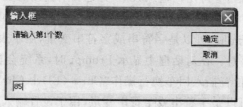

图 4-7 例 4.4 运行界面图 2

②分别在后面弹出的两个对话框中输入第 2、第 3 个数字,单击"确定"按钮,窗体上将显示 3 个数之和,如图 4-8 所示。

85,45,68的和是: 198

请输入 3 个数

图 4-8　例 4.4 运行界面图 3

说明:

①执行 InputBox 函数后,产生一个对话框,提示用户输入数据,光标位于输入区中。

②在输入区中输入数据后,必须按 Enter 键或单击"确定"按钮,如果确认了,函数就会返回输入区中输入的数据;如果单击"取消"按钮或按 Esc 键,则当前输入的数据无效,返回一个空字符串。执行完上述操作后,对话框将消失。

③InputBox 函数通常返回一个字符串,如果需要用它输入数值并进行运算,应当在运算前用 Val 转换函数将其转换为相应类型的数据。

④输入的数据必须作为函数的返回值赋予一变量,否则无法保留。

⑤每执行一次 InputBox 函数,只能输入一个值,如果需要输入多个值,可以多次调用 InputBox 函数,也可以用循环语句或数组配合使用。

### 2. MsgBox 输出函数和 MsgBox 语句

(1)MsgBox 函数

与 Windows 风格相似,VB 提供了一个可以显示提示信息对话框的 MsgBox 函数。此函数可以用对话框的形式向用户输出信息,并根据用户的选择做出响应。

格式:

**MsgBox(Prompt[,Buttons][,Title][,HelpFile,Context])**

功能:根据参数建立一个对话框,显示提示信息,同时将用户在对话框中的选择结果传输给程序。

函数中共包括 5 个参数,其中 Title、HelpFile 和 Context 参数与 InputBox 函数中同名参数含义类似,下面主要介绍另外两个参数。

①Prompt:是必选项,可以是字符串或字符串变量,最大长度为 1024 个字符。它用于显示对话框的提示信息,通知用户该做什么选择。在对话框中显示 Prompt 时,系统会自动换行,如果想按自己的要求换行,可在适当的位置插入回车换行操作符"Chr $(13)$ + Chr $(10)$"。

②Buttons:是可选项,可以是整数值或表 4-1 中系统定义的符号常量。它用于控制对话框中按钮的数目、形式,图标类型,以及默认控钮和强制返回,该参数的值由表 4-1 中 4 类控制的取值之和产生。若此项缺省,则默认值为 0,代表对话框内只显示一个"确定"按钮。

在这 4 类控制中,每一类都有对应的几种取值情况,每个取值既可以用具体数值表示,也可以用系统定义的常量表示。

在使用 Buttons 参数时，只需要在各类中分别选出合适的数值或常量。如果是数值则直接相加即可得到该参数的值；如果是常量则将其用加号连接起来即可得到该参数的值。选择不同的值会产生不同的效果，用常量表示可以提高程序的可读性。不过，多数情况下只使用前 3 类的数值。

表 4-1　MsgBox 函数的按钮参数

| 类型 | 值 | 常量 | 说　明 |
|---|---|---|---|
| 命令按钮 | 0 | VbOKOnly | "确定"按钮 |
| | 1 | VbOKCancel | "确定"和"取消"按钮 |
| | 2 | VbAbortRetryIgnore | "终止"、"重试"和"忽略"按钮 |
| | 3 | VbYesNoCancel | "是"、"否"和"取消"按钮 |
| | 4 | VbYesNo | "是"和"否"按钮 |
| | 5 | VbRetryCancel | "重试"和"取消"按钮 |
| 图标类型 | 16 | VbCritical | "停止"图标 |
| | 32 | VbQuestion | "问号"图标 |
| | 48 | VbExclamation | "感叹号"图标 |
| | 64 | VbInformation | "消息"图标 |
| 默认按钮 | 0 | VbDefaultButton1 | 默认按钮为第 1 按钮 |
| | 256 | VbDefaultButton2 | 默认按钮为第 2 按钮 |
| | 512 | VbDefaultButton3 | 默认按钮为第 3 按钮 |
| 等待模式 | 0 | VbApplicationModel | 应用程序强制返回 |
| | 4096 | VbSystemModel | 系统强制返回 |

例如：

```
4＋32＋0＝36     ' 显示"是"和"否"按钮、"问号"图标,默认按钮为"确定"
1＋32＋0＝33     ' 显示"确定"和"取消"按钮、"问号"图标,默认按钮为"确定"
0＋16＋0＝16     ' 显示"确定"按钮、"停止"图标,默认按钮为"确定"
```

执行该函数，在弹出的对话框中，所有按钮上除了有相应的文字说明外，系统还自动地为按钮添加了快捷键，即带下划线的字母部分，只要用"Alt＋相应的快捷键"就可以像直接单击按钮那样产生相应的效果。

MsgBox 函数的返回值是一个整数，它的大小与用户选择的按钮有关。它对应于表 4-2 中给定的 7 种命令按钮，分别用 1～7 这 7 个数值表示。

在应用程序中，通常利用 MsgBox 函数的返回值，来决定随后的具体操作。

表 4-2　**MsgBox 函数的返回值**

| 按钮 | 常量 | 返回值 |
| --- | --- | --- |
| 确定 | VbOK | 1 |
| 取消 | VbCancel | 2 |
| 终止 | VbAbort | 3 |
| 重试 | VbRetry | 4 |
| 忽略 | VbIgnore | 5 |
| 是 | VbYes | 6 |
| 否 | VbNo | 7 |

**例 4.5**　编写程序，使用 MsgBox 函数显示对话框，运行结果如图 4-9 所示

图 4-9　例 4.5 运行界面图

```
Private Sub Form_Click()
    m1 = "继续录入数据吗?"
    m2 = "MsgBox 函数示例"
    h = MsgBox(m1,36,m2)
    Print h
End Sub
```

(2)MsgBox 语句

MsgBox 语句与 MsgBox 函数的作用相似，各参数的含义也与 MsgBox 函数相同。

格式：

**MsgBox ＜Prompt＞[，Buttons][，Title][，HelpFile，Context]**

功能：建立一个对话框，显示提示信息，同时接收用户在对话框中的选择。

执行 MsgBox 语句后，会弹出一个对话框，用户必须按下 Enter 键或单击对话框中的某个按钮，才能继续进行后面的操作。与 MsgBox 函数不同的是，MsgBox 语句没有返回值，通常用来显示较简单的信息。

例如：

MsgBox "是否关闭程序?"，vbOKCancel＋vbQuestion，"关闭"

执行该语句后显示的对话框如图 4-10 所示。

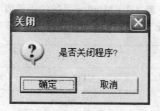

图 4-10 关闭程序提示框

# 4.2 选择结构程序设计

选择结构是一种分支结构,它能根据指定条件的当前值在两条或多条程序路径中判断并选择一条执行,因此该结构也被称为判断结构。选择结构为处理多种复杂情况提供了便利条件。

VB 中选择结构语句有 If 语句和 Select Case 语句两种。其中,If 语句又分为单行 If 结构语句和多行 If 结构语句。

## 4.2.1 单行 if 结构语句

单行 If 结构语句是一种最简单的选择结构,它能够根据语句中条件表达式成立与否,决定执行哪一部分语句。

格式:

**If** <条件表达式> **Then** <语句序列 1> [**Else**<语句序列 2>]

功能:如果条件表达式为真就执行"语句序列 1"中的语句,否则执行"语句序列 2"中的语句。其工作流程如图 4-11 所示。

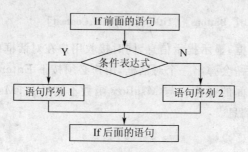

图 4-11 单行 If 结构语句流程图

例如:

If A = B Then Print "A and B is equal!" Else Print " A and B is unequal!"

　　格式中的"条件表达式"可以是一个关系表达式或逻辑表达式,"Else ＜语句序列 2＞"可以省略。

　　"语句序列 1"和"语句序列 2"可以由一条或多条 VB 语句构成。当含有多条语句时,各语句之间用冒号隔开。当然,这里的语句还可以是条件语句。

　　例如:

　　　　If A ＝ B Then Print ″A and B is equal!″ : A ＝ B ＋ 1

　　如果 A 和 B 的值不相等,则执行完 If 处的条件表达式的判断后,程序就不会执行 Then后的输出语句,而是结束 If 语句直接执行下一条语句"A＝B＋1"。

　　**例 4.6**　设有函数:

$$y = \begin{cases} 1 & x>0 \\ 0 & x=0 \\ -1 & x<0 \end{cases}$$

设计窗体如图 4-12 所示。Text1 用来输入任意一个实数,Label3 用来显示 y 的值。

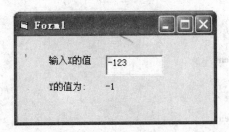

图 4-12　例 4.6 运行界面

程序代码如下:

```
Private Sub Form_Click()
Dim x As Single, y As Single
    x = Val(Text1. Text)
    If x>0 Then y = 1 Else If x<0 Then y = −1 Else y = 0
    Label3. Caption = Str(y)
End Sub
```

　　对于简单的条件结构,有时可以使用 VB 提供的 IIf 函数来实现,它和"If … Then …Else"语句有类似的功能。

　　格式:

　　　　**IIf (＜条件表达式＞,＜True 部分＞, ＜False 部分＞)**

　　其中,条件表达式可以是一个关系表达式或逻辑表达式。当条件表达式的值为 True时,IIf 函数返回值为 True 部分的值;若条件表达式的值为 False 时,则返回值为 False 部分的值。该函数后面的两个参数可以是表达式、变量或其他函数。例如,例 4.6 可以用 IIf 函数实现,完整的代码如下:

```
Private Sub Form_Click()
    Dim x As Single, y As Single
    x = Val(Text1. Text)
    y = IIf(x>0,1,IIf(x = 0,0,-1))
    Label3. Caption=Str(y)
End Sub
```

## 4.2.2 多行 if 结构语句

当遇到选择条件比较复杂或是在某种条件下需要分多种情况分别处理问题时,使用单行 If 结构语句会不方便,此时可以考虑用多行 If 结构语句来实现处理过程。多行 If 结构语句实际上是单行 If 结构语句的嵌套形式。多行 If 结构语句有多个分支,这些分支都以最开始的 If 所在行起头,以 End If 结尾,程序的结构性强,也称为"块结构条件语句"。

格式:

**If<条件 1>Then**
    **<语句序列 1>**
**ElseIf <条件 2>Then**
    **<语句序列 2>**
       **...**
**ElseIf <条件 n>Then**
    **<语句序列 n>**
**[Else**
    **<语句序列 n+1>]**
**End If**

功能:从 If 语句开始,依次测试给出的条件,如果条件 1 为 True,就执行相应的语句序列 1;否则如果条件 2 为 True,就执行相应的语句序列 2……当所有列出来的条件都不满足时,就执行最后一个 Else 后的语句序列 n+1。

说明:

①语句序列 1 到语句序列 n+1 可以由一条或多条 VB 语句组成。当含有多条语句时,可以写在多行里,也可以写在一行里。需要注意的是,如果写在一行里,各语句之间要用冒号隔开。

②条件 1 到条件 n 通常是数值表达式、关系表达式或逻辑表达式,当条件是数值表达式时,表达式的值 0 表示 False,非 0 表示 True;当条件是关系表达式或逻辑表达式时,0 表示 False,-1 表示 True。其工作流程如图 4-13 所示。

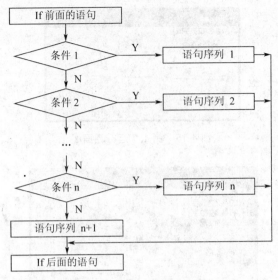

图 4-13　多行 If 结构语句流程图

**例 4.7**　利用输入对话框接收用户输入的任意一个数字,在窗体上输出该数字的位数。
程序代码如下:

```
Private Sub Form_Click()
    Dim Number As Long
    Number = InputBox("请输入任意自然数")
    If Number<10 Then
        Print "输入的是 1 位数字"
    ElseIf Number<100 Then
        Print "输入的是 2 位数字"
    ElseIf Number<1000 Then
        Print "输入的是 3 位数字"
    Else
        Print "输入的是 4 位或 4 位以上数字"
    End If
End Sub
```

程序运行后,单击窗体,在如图 4-14 所示的对话框中输入 1 位数字,单击"确定"按钮,
窗体显示如图 4-15 所示。再次单击窗体,在随后出现的对话框中分别输入 2 位、3 位和 4 位
数字,窗体显示结果如图 4-16 所示。

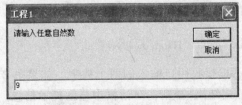

图 4-14　例 4.7 运行界面 1

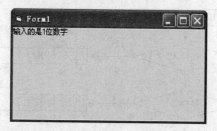

图 4-15　例 4.7 运行界面 2

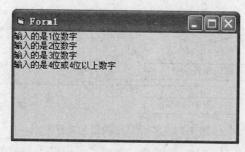

图 4-16　例 4.7 运行界面 3

多行 If 结构语句中的 ElseIf 和 Else 子句都是可选的。如果省略 ElseIf 子句，则简化为：

**If**＜条件＞**Then**
　　＜语句序列 1＞
**Else**
　　＜语句序列 2＞
**End If**

如果 ElseIf 子句和 Else 子句都被省略，形式就更为简单，变为：

**If** ＜条件＞**Then**
　　＜语句序列＞
**End If**

这两种简化形式实际上都可以写成单行 If 结构语句形式。
例如：

　　If s = 1 Then
　　Text1. Text = "Happy new year"

将其改写为单行 If 结构语句形式，即：

　　If s = 1 Then Text1. Text = "Happy new year"

**例 4.8**　利用输入对话框接收用户输入的两个数字。如果第 2 个数字不为零的话就被第 1 个数除，并在窗体上输出结果，否则在对话框中显示提示信息。
程序代码如下：

```
Private Sub Form_Click()
    Dim num1 As Integer, num2 As Integer, res As Integer
        num1 = InputBox("请输入第 1 个数字")
        num2 = InputBox("请输入第 2 个数字")
        If num2<>0 Then
        res = num1/num2
        Print res
    Else
        MsgBox"第 2 个数字不能为零!"
    End If
End Sub
```

　　运行程序后,单击窗体,弹出的对话框如图 4-17 所示。假设输入"18",单击"确定"按钮,接着弹出的对话框如图 4-18 所示。这时输入"3",再单击"确定"按钮,则窗体如图 4-19所示。如果在第 2 个对话框(图 4-18)中输入"0",确认后就会弹出如图 4-20 所示的对话框。

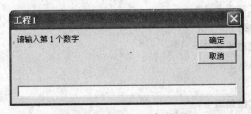

图 4-17　例 4.8 运行界面 1

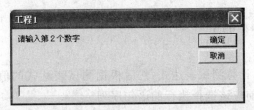

图 4-18　例 4.8 运行界面 2

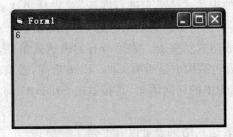

图 4-19　例 4.8 运行界面 3

图 4-20　例 4.8 运行界面 4

### 4.2.3　多分支语句

在某些情况下,对某个条件表达式可能出现多种取值不同的情况或者需要根据某些离散的值进行不同的处理时,单行 If 结构语句或多行 If 结构语句已不太适用,需要使用另一种多分支选择结构语句——Select Case 语句来完成。在这种结构语句中,只有一个用来判断的表达式,根据表达式不同的计算结果,执行不同的语句序列。

Select Case 结构语句也称为"情况语句"或简称为"Case 语句",它实际上是多行 If 结构语句的一种变形。二者之间的主要区别在于:多行 If 结构语句可以对多个表达式的结果进行判断,从而执行不同的操作;而 Case 语句只能对一个表达式的结果进行判断,然后再选择不同的操作流程。

Select Case 语句的格式为:

```
Select Case<测试表达式>
        Case <表达式结果表 1>
            <语句序列 1>
        Case <表达式结果表 2>
            <语句序列 2>
                …
        Case <表达式结果表 n>
            <语句序列 n>
        [Case Else
            <语句序列 n+1>]
    End Select
```

功能:在语句开始时计算测试表达式,然后根据测试表达式的值,在一组相互独立的可选语句序列中判断出当前应该选择执行的语句序列。

测试表达式(可以是数值表达式或字符串表达式)只在语句开始时被计算一次,然后将求得的结果值依次与后面的表达式结果表进行匹配,首先从表达式结果表 1 开始。若与某一个表达式结果表相匹配,则执行其后的语句序列,然后跳出整个 Select Case 语句,不再判断是否还有其他相匹配的表达式结果表。如果所有的表达式结果表都与测试表达式的值不相匹配,再看 Select Case 语句结构中是否有 Case Else 语句,若有此语句,就直接执行其后的语句序列,否则不执行结构中的任何语句,直接退出 Select Case 语句,继续顺序执行 End Select 后面的语句。

Select Case 语句中的表达式结果表可以有下列 4 种形式。

①一个表达式结果表中可以只有一个数值常量或单个字符常量。

例如:

```
Case 10
Cast "VB"
```

②一个表达试结果表可以包含多个结果值,即"表达式结果 1[,表达式结果 2]…[,表达

式结果 n]"。在表达式结果表中可以有多个数值或字符串,多个取值之间用逗号隔开。

例如:

```
Case 2,4,7,9
Case "A","B","C"
```

如果测试表达式的值与其中某一个数值或字符串相等,即可执行此表达式结果表后相应的语句序列;否则,若测试表达式的值与这些取值均不相等,可以再与随后的其他表达式结果表进行比较。

③"表达式结果 1 To 表达式结果 2"这种带有"To"关键字形式的表达式称为"To 表达式"。它提供了一个数值或字符串的取值范围,这里要求"表达式结果 1"必须小于"表达式结果 2"的值,字符串常量的范围必须按字母顺序写出。

例如:

```
Case 0 To 30
Case "A" To "M"
```

如果是"Case "F" To "A"",则运行的结果可能是错误的。因为 To 前面的表达式结果必须要小于其后面的表达式结果才可能运行该行的匹配。

如果表达式的值与范围内的某个值相等,则执行此表达式结果表后相应的语句序列;否则,若表达式的值与这个取值范围内的值均不相等,可以再与随后的其他表达式结果表进行比较。

④带有 Is 关键字的"关系运算符 ＜数值或字符串＞",Is 后面只能使用＝、＞、＜、＞＝、＜＝、＜＞等关系运算符。将测试表达式的值与关系运算符后面的数值或字符串进行比较,若结果为真,则执行此表达式结果表后相应的语句序列;否则,与随后的其他表达式结果表进行比较。

例如:

```
Case Is > "D"
Case Is <= 1000
```

**例 4.9**　某超市为促销,采用购物打折的方式吸引顾客。具体方法为:每位顾客一次购物达 300 元以上,按九五折优惠;购物达 500 元以上,按九折优惠;购物达 1000 元以上,按八五折优惠;购物达 5000 元以上,按八折优惠。编写程序,输入任意购物款额,输出其优惠后的价格。

程序代码如下:

```
Private Sub Form_Click()
    Dim num1 As Double, num2 As Double
        num1 = InputBox("输入购物总金额")
    Select Case num1
        Case Is >= 5000
            num2 = num1 * 0.8
        Case Is >= 1000
```

```
                num2 = num1 * 0.85
            Case Is >= 500
                num2 = num1 * 0.9
            Case Is >= 300
                num2 = num1 * 0.95
            Case Else
                num2 = num1
        End Select
        Print "优惠值为"; num2
    End Sub
```

运行程序后,单击窗体,弹出如图 4-21 所示的对话框。假设输入"2100",单击"确定"按钮,则在如图 4-22 所示的窗体上显示其优惠价格。

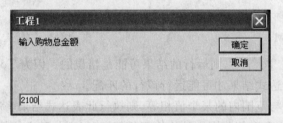

图 4-21　例 4.10 运行界面 1

图 4-22　例 4.10 运行界面 2

说明:

①每个 Select Case 语句至少包含 1 个 Case 子句,如果同一个值域的范围在多个 Case 子句中出现,只执行符合要求的第 1 个 Case 子句的语句序列。

②表达式结果表中的表达式必须与测试表达式的类型相同。

③Case Else 子句可有可无,缺省时,如果 Select Case 语句中没有一个 Case 子句的值与测试表达式相匹配,则不执行 Select Case 结构中的任何语句序列。

④在一个 Case 子句中,几种表达式结果的形式可以混用,混用时只需用逗号将其隔开便可。

例如:

```
    Case 10,6,Is>20
```

# 4.3  循环结构

在解决实际问题的过程中,有时候有些操作步骤需要反复多次的进行。例如,求一堆连续自然数相加之和或者需要不断输入同类型的一组数据等。对于这类问题,如果采用顺序结构的程序进行处理将会是一件十分繁琐的事情,有时候甚至难以实现,在 VB 中提供了循环结构语句来解决这类问题。

所谓循环结构是指从某处开始有规律地重复执行某一程序段的现象。被重复执行的程序段称为循环体。使用循环结构语句进行编程,既可以简化程序,又可以提高效率。

在 VB 中,有多种不同风格的循环结构,包括计数循环(For … Next)、当循环(While … Wend)和 Do 循环等。

## 4.3.1  For … Next 循环

For … Next 循环是一种已知循环次数的循环,按照指定的次数重复执行循环体。在循环体中使用一个循环变量(计数器),每重复执行一次循环体,循环变量就会按照步长值自动增加或减少。

格式:

> **For** <循环变量>=<初值> **To** <终值> [**Step** <步长>]
>     <循环体>
>     [**Exit For**]
> **Next** <循环变量>

功能:按指定的次数执行循环体。

说明:

①循环变量:用作循环计数器的数值变量,也称为循环控制变量。

②初值:循环控制变量的初值,是一个常数或数值表达式。

③终值:循环控制变量的终值,是一个常数或数值表达式。

④步长:循环控制变量的增量,是一个常数或数值表达式。

执行过程:

先将初值赋给循环变量,判断是否超过终值,若未超过则执行循环体,并将循环变量增加一个步长,然后无条件返回循环的开始部分,接着判断循环变量的新值是否超过终值,若未超过就进行下一轮的循环。否则,若循环变量超过终值,将结束循环,执行 Next 后面的语句。

需要说明的是,这里所说的超过有两种含义。

①当步长为正数时,即检查循环变量是否大于终值。

②当步长为负数时,即检查循环变量是否小于终值。

可以在循环体的任何位置放入任意多个 Exit For,随时退出循环。使用 Exit For 语句只能跳出一层循环,如果存在两层 For 循环嵌套,而 Exit For 语句设在内层,则只能跳出内层循环,继续执行外层循环。

当初值等于终值时,不管步长是正数还是负数,循环体都只执行一次。

For…Next 循环结构流程如图 4-23 所示。

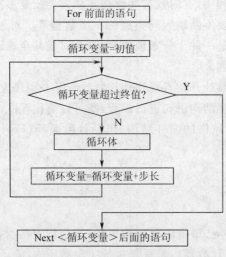

图 4-23    For…Next 循环结构流程图

**例 4.10**    编程用 For…Next 循环语句计算 $1+3+5+…+99$ 的值。

程序代码如下:

```
Private Sub Form_Click()
    Dim i As Integer,s As Integer
    s=0
    For i=1 To 99 Step 2
        s=s+i
    Next i
    Print s
End Sub
```

### 4.3.2   While…Wend 循环

有些问题的解决可能不能事先知道需要重复执行某些操作的次数,那么用 For…Next 循环语句就不适合了,但可以考虑用 While…Wend 或 Do 循环语句。

While…Wend 循环是另一种形式的循环结构,也称当型循环。与 For…Next 循环不同的是,它不是循环次数确定的循环结构,而是根据给定条件的成立与否决定程序的流程。

格式:

**While**<条件表达式>

　　　　　　<循环体>
　　　　Wend

功能:如果条件表达式的值为 True,则执行循环体,否则退出循环。

执行过程:

　　首先计算条件表达式的值,若条件表达式的值为 True,则执行循环体。当遇到 Wend 语句时,控制返回到 While 语句的开始部分并对条件表达式进行测试,如果仍为 True,则继续执行循环体。否则,如果条件表达式的值为 False,则退出循环,执行 Wend 后面的语句。

　　通常条件表达式是一个关系表达式或逻辑表达式,表达式的值是一个逻辑值。条件表达式也可以是数值表达式,以 0 表示 False,非 0 表示 True。While…Wend 循环结构流程如图 4-24 所示。

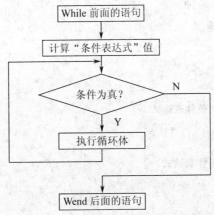

图 4-24　While…Wend 循环结构流程图

说明:

①While…Wend 循环语句是先判断条件表达式的值,再决定是否执行循环体。

②While…Wend 循环结构是可以嵌套的,每个 While 和最近的 Wend 相匹配,即不允许交叉嵌套。

③在执行循环语句之前应该给循环变量赋初值,使得循环条件表达式的值为 True。

④While…Wend 循环语句中不能使用 Exit 语句跳出循环。

　　**例 4.11**　已知 $s=1\times2\times3\times\cdots\times n$,用 While…Wend 循环编程计算出 s 不大于 5000 时 n 的最大值。

程序代码如下:

```
Private Sub Form_Click()
    Dim n As Integer, s As Long
    n=1
    s=1
    While s<=5000
        n=n+1
        s=s*n
```

```
        Wend
        Print "最大的 n 是:", n-1
    End Sub
```

### 4.3.3　Do 循环

　　Do 循环语句比 While…Wend 语句功能更强大。While…Wend 循环只能在初始位置检查循环条件是否成立,而 Do 循环既可以在初始位置检查循环条件是否成立,又可以在执行一遍循环体后的结束位置判断循环条件是否成立,然后再根据循环条件是 True 或 False 决定是否执行循环体。

　　因此,Do 循环的格式有两种。

　　格式 1:后测型

　　**Do**

　　　　**＜循环体＞**

　　　　**[Exit Do]**

　　**Loop [While | Until ＜条件表达式＞]**

　　格式 2:前测型

　　**Do [While | Until ＜条件表达式＞]**

　　　　**＜循环体＞**

　　　　**[Exit Do]**

　　**Loop**

　　功能:当条件表达式的值为 True 或直到条件表达式的值为 True,重复执行循环体。

　　说明:

　　条件表达式是一个逻辑表达式或关系表达式,是决定循环是否执行的条件。循环体可以由任何一条或多条合法的 VB 语句或操作命令组成。

　　执行过程:

　　格式 1:先执行循环体,然后进行条件判断,决定是否再次执行循环体。

　　格式 2:先判断条件,若条件满足,则执行循环体。

　　所以格式 1 的最少循环次数是 1 次,而格式 2 的最少循环次数是 0 次。

　　根据使用的是 While 还是 Until 进行条件判断,又可以分为当型循环和直到型循环。若使用 While 关键字(当型循环),则当条件为 True 时执行循环体,直到当条件为 False 时终止循环;若使用 Until 关键字(直到型循环),则当条件为 False 时执行循环体,直到当条件为 True 时终止循环。这里以后测型为例画出当型循环和直到型循环的流程图,分别如图 4-25、4-26 所示。

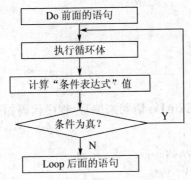

图 4-25　后测型 While 循环结构流程图

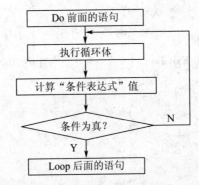

图 4-26　后测型 Until 循环结构流程图

**例 4.12**　用 Do 循环语句计算 $1+2+3+\cdots+100$ 的值。

程序代码如下：

```
Private Sub Form_Click()
    Dim s As Integer,n As Integer
    s=0
    n=1
    Do While n<=100                    '当型循环
        s=s+n
        n=n+1
    Loop
    Print s
End Sub
```

可以把上述代码改写为直到型循环结构,程序代码如下：

```
Private Sub Form_Click()
    Dim s As Integer,n As Integer
    s=0
    n=1
    Do Until n>100
```

```
        s＝s＋n
        n＝n＋1
    Loop
    Print s
End Sub
```

该事件代码还可以利用 Exit Do 语句来编写,程序代码如下:

```
Private Sub Form_Click()
    Dim s As Integer,n As Integer
    s＝0
    n＝1
    Do
        s＝s＋n
        n＝n＋1
        If n＞100 Then Exit Do              '当 n＞100,则跳出循环
    Loop
    Print s
End Sub
```

## 4.3.4　循环嵌套

上面介绍的循环例题只含有一层循环,称为单层循环。循环体内含有循环语句的循环称为循环嵌套(多重循环)。VB 有 3 种形式的循环语句,每种形式的循环语句内部可以嵌套一层同类型的循环语句,也可以嵌套一层其他类型的循环语句。嵌套一层的循环结构称为二重循环。在循环嵌套中,如果遇到 Exit For(Do)语句,则可以跳出该语句所在当前层的循环。

**例 4.13**　设计一个程序,在窗体上显示 3～200 之间的所有素数,如图 4-27 所示。

图 4-27　3～200 之间的所有素数

程序代码如下:

```
Private Sub Command1_Click()
```

```
Dim A As Integer，i As Integer，Count As Integer
Cls
Count = 0
Print "3～200 之间的素数有："
For A = 3 To 200 Step 2
    For i = 2 To Int(Sqr(A))
        If A Mod i = 0 Then Exit For
    Next i
If i > Int(Sqr(A)) Then
    Count = Count + 1
    Print A，
    If Count Mod 5 = 0 Then Print          '换行
End If
Next A
End Sub
```

# 本章小结

　　本章主要介绍了 VB 程序设计的 3 种基本结构，即顺序结构、选择结构和循环结构，并通过详细的例子具体演示了这 3 种基本结构里面所包含的常用语句结构的使用方法，体现了结构化程序设计思想的巨大魅力。通过本章的学习，应熟练掌握结构化程序设计的这 3 种结构化设计方法，为以后的程序设计打下扎实的基础。

# 第5章 数组

数组是程序设计中的基本内容,它是一组具有相同数据类型的变量的集合。使用数组可以缩短和简化程序。VB中有两种数组:变量数组和控件数组。本章将主要讲述数组的基本知识和基本应用。

## 5.1 数组的基本概念

在实际生活应用中,常常遇到处理大量相同类型的数据的情况。例如,处理50个学生的计算机课程考试成绩,若用简单的变量来表示,可以用A1,A2,A3,…,A50分别表示每个学生的成绩。这里的A1,A2,A3,…,A50是带有下标的变量,通常称为下标变量。但操作变量太多将会给编程带来很多不便,如果用相同的名称再加上序号来代表这些学生的成绩,就会方便很多。VB程序设计语言提供了这样一种数据表示机制——数组,数组是由一组具有相同数据类型的变量按一定顺序排列而成的结构类型数据。

### 5.1.1 数组的定义

在VB中,数组是一组具有有序下标的元素的集合,可以用相同名称、不同下标的变量来引用数组元素。数组的一般形式为:

A(n)

其中,A代表数组名,n是下标变量。一个数组可以含有若干个下标变量(或称数组元素)。

数组要先定义后使用,这和其他类型的变量一样。计算机中的数据均占据一块内存区域,数组名代表这个区域的名称,区域的每个单元都有自己的地址,而该地址就是用下标来表示的。定义数组是为了确定数组的类型,并给数组分配所需的存储空间。

数组变量的定义格式如下:

**Dim 数组名([下标下界 To] 下标上界) As 数据类型**

说明:

①数组名必须是合法的VB标识符。定义的数据类型可以是基本数据类型和用户自定义类型。若不写数据类型,则数组默认为Variant类型。

②用Dim语句定义数组,系统会自动初始化数组。数值数组的全部元素被初始化为0,

字符串数组的全部元素被初始化为空字符串。

　　③数组应先定义后使用，未定义则不能使用。下标必须为常数或常量表达式，下标最小下界是"−32768"，下标最大上界是"32767"。

　　④下标个数用来确定数组是几维的，下标值用来确定每一维的最大值(上界)。

　　⑤数组下标的下界默认为 0，每一维的大小等于"上界＋1"。

　　例如：

```
Dim A(5)                    '定义一维数组 A，A 有 6 个元素：A(0)～ A(5)
Dim ABC (9)As Integer       '定义一维数组 ABC，有 10 个元素，数据类型为整型
```

## 5.1.2　数组的上下界和多维数组

　　如果不希望下标下界从 0 开始，而是从 1 开始，可以使用如下语句定义：

**Option Base n**

说明：

　　Option Base 语句用来指定数组下标的默认下界。特别需要注意的是，n 的取值只能是 0 或 1。同时，该语句只能出现在窗体模块或标准模块中，不能出现在过程中。

　　例如：

```
Option Base 1               '声明数组前先用 Option Base 语句设置下标下界为 1
Dim A (3)As Integer         '声明 A 是具有 3 个元素的整型数组，数组 A 的 3 个元素是 A(1)、
                            'A(2)、A(3)
```

　　**注意**：若未使用 Option Base 语句，数组 A 就有 4 个元素：A(0)、A(1)、A(2)、A(3)。

　　当然，使用 Option Base 语句设置下标下界只是其中一种方式，实际上我们还可以用另外一种方式，根据具体要求来设置下标下界。

　　格式：

**Dim 数组名([下标下界 To] 下标上界[,[下标下界 To] 下标上界…])**

说明：

　　这里的下界和上界表示该维的最小和最大下标值。

　　例如：

```
Dim D(−1 To 3)
```

　　定义一维数组 D，其下标下界为−1，下标上界为 3，因此其元素为 D(−1)、D(0)、D(1)、D(2)、D(3)，共 5 个元素。

　　一个数组，如果只用一个下标就能确定数组元素在该数组中的位置，那么它就是一维数组，即只有一个下标变量的数组称为一维数组。如果在数组中只能通过两个或两个以上的下标才能确定数组元素在数组中的位置，那么它就是多维数组。有两个下标的数组为二维数组，有 3 个下标的数组为三维数组，以此类推。

二维数组的定义格式如下:

**Dim** 数组名([第 **1** 维下标下界 **To**] 第 **1** 维下标上界 [,[第 **2** 维下标下界 **To**] 第 **2** 维下标上界])
**As** 数据类型

例如:

```
Dim X(2, 3)                 '定义二维数组 X,数组有 3×4 个元素,分别为:
                            'X(0, 0), X(0, 1), X(0, 2), X(0, 3),
                            'X(1, 0), X(1, 1), X(1, 2), X(1, 3),
                            'X(2, 0), X(2, 1), X(2, 2), X(2, 3)
```

多维数组的定义格式如下:

**Dim** 数组名([第 **1** 维下标下界 **To**] 第 **1** 维下标上界 [,[第 **2** 维下标下界 **To**] 第 **2** 维下标上界,
…,[第 **n** 维下标下界 **To**] 第 **n** 维下标上界]) **As** 数据类型

多维数组在内存中所占空间大小的计算公式为(所占空间长度应小于 64KB):

**维数 1×维数 2×维数 3×…×维数 n×类型字节数(长度)**

例如:

```
Dim A(4,3,5)As Integer
```

定义了数组 A 为三维数组,该数组所占内存=5×4×6×2=240(字节)。

在实际应用中,可能需要知道数组的上、下界值,VB 提供了一对确定下标上、下界值的
函数:LBound 和 UBound。

格式:

**LBound**(数组[,维])
**UBound**(数组[,维])

功能:LBound 返回一个数组中指定维的下界,UBound 返回指定维的上界。

说明:

格式中的"数组"是指数组名,"维"是指要测试的维。

对于一维数组,参数"维"可以省略,如果要测试多维数组,则"维"不能省略。

例如:

```
Dim A(2 To 4,−2 To 2,−1 To 3,4 To 7)As Integer
UBound(A,1)                 '返回数组 A 第 1 维上界,值为 4
LBound(A,2)                 '返回数组 A 第 2 维下界,值为−2
LBound(A,3)                 '返回数组 A 第 3 维下界,值为−1
UBound(A,4)                 '返回数组 A 第 4 维上界,值为 7
```

# 5.2　静态数组和动态数组

数组定义后,系统将为数组分配内存空间,因此即使数组还没运行,但已经有了相应的

内存空间。根据预留内存空间的方式不同,我们可以将数组分为静态(Static)数组和动态
(Dynamic)数组。

## 5.2.1　静态数组

　　静态数组是指在编译阶段给数组分配内存空间,因此该数组在程序还没有运行时就有
了相应的内存空间。定义该数组的程序运行结束后,该数组拥有的内存空间并不释放,数组
的值仍在内存中,再次运行时,上次运行的结果作为该数组的初始值。只有当整个应用程序
退出时,数组所占内存才会被释放。因此,静态数组在定义时需要指出该数组的大小。在
VB 中,静态数组的定义方式有 3 种。

　　①在全局模块中使用 Global 语句定义该数组为全局数组。

　　②在窗体模块或标准模块中用 Dim 定义,此时该数组为局部数组。

　　③在过程中用 Static 语句直接定义数组,或者用 Static 定义过程,在过程中使用 Dim 语
句定义的数组仍然是静态数组。

## 5.2.2　动态数组

　　与静态数组相反,动态数组在定义时并不知道数组的大小,而是要求在运行期确定,并
根据需要在运行期可以改变数组的大小。

　　1. 动态数组的定义

　　动态数组的定义通常分为两步。

　　①在窗体、标准模块或过程中用 Public 或 Dim 声明一个空数组,即没有下标的数组,但
数组名后面的圆括号不能省略。

　　②在过程中用 ReDim 语句声明带下标的数组,下标可为常量、变量或表达式,但变量或
表达式此时必须有确定的值。

　　动态数组定义格式如下:

```
Dim 数组名( ) As 数据类型                         '定义数组名
ReDim [Preserve] 数组名(数组上下界,…)            '重定义数组大小
```

　　说明:

　　①ReDim:用于为动态数组重新分配存储空间。对于每一维,ReDim 语句都能改变元
素数目以及上、下界。

　　②Preserve:当只改变原有数组最末维的大小时,使用此关键字可以保持数组中原来的
数据。如果没有 Preserve 关键字,那么动态数组中的内容在重新定义时,内容将全被清除。
使用具有 Preserve 关键字的 ReDim 语句既可以改变数组大小,又不会丢失数组中的数据。

　　例如:

```
Dim A( ) As Integer
ReDim A(6,4)                         '分配 7×5 个元素
```

又如：

```
Dim A() As Integer
Dim X,Y As Integer
X=6
Y=4
ReDim A(X,Y)
ReDim Preserve A(7,Y)
```

可以使用 ReDim 语句反复改变数组的大小和维数，但是 ReDim 不能改变数组的数据类型。如果将数组改小，则被删除元素的数据就会丢失。

2.清除数组

数组被定义后，若用户需要改变已定义数组的大小或清除数组的内容，可以通过下面的语句来实现：

**Erase 数组名[,数组名]**

功能：重新初始化静态数组的元素，或者释放动态数组的存储空间。

例如：

```
Erase A,B
```

说明：

①在 Erase 语句中，只写数组名，不写圆括号和下标。

②用 Erase 语句处理静态数组时，如果是数值数组，则把数组中所有元素置为 0；如果是字符串数组，则把数组中所有元素置为空串；如果是 Variant 数组，则把数组中所有元素置为空。经 Erase 语句操作后的静态数组仍然存在，只是其内容被清空。

③用 Erase 语句处理动态数组时，将删除数组的结构并释放其所占的内存空间，也就意味着操作后的动态数组将不复存在。

# 5.3　控件数组

## 5.3.1　控件数组的概念

控件数组是一组具有相同名称、类型和事件过程的控件。其特点是：

①一个控件数组至少应有一个元素，元素的个数最多可达 32767 个。

②组成控件数组的元素共用一个相同的控件名称，即拥有相同的 Name 属性值，对于其他属性则没有规定必须完全相同。

③数组中的每个控件都有唯一的下标索引号（Index Number）作为标识，下标值由

Index 属性指定。

控件数组为处理一组功能相近的控件提供了便利的条件，使用控件数组添加控件比直接向窗体添加多个相同类型的控件要节省很多资源。当有多个控件执行大致相同的操作时，使用控件数组会非常方便，因为控件数组可以共享同样的事件过程。例如，如果创建了某个包含 3 个命令按钮的控件数组，则无论单击哪个命令按钮都将执行相同的代码。

和普通数组一样，控件数组的下标也放在圆括号里，如 Shuzu(0)，Shuzu(1)。程序一旦运行，系统会将其下标值传给过程，利用下标索引号就可以判断事件是由哪个控件引发的。另外，在过程运行时创建的新控件必须是控件数组的成员。使用控件数组时，每个新成员都会继承为数组预先编好的事件过程。

控件数组可用于命令按钮、标签、单选按钮、复选框等常用控件。

## 5.3.2　控件数组的建立

控件数组的建立与一般的数组定义不同，通常有两种方法。

(1)在设计时创建控件数组

在设计时有如下 3 种方法可以创建控件数组。

①通过改变控件名称添加控件数组元素，将相同名称赋给多个控件。

例如，创建含有两个文本框的控件数组，使用相同的名称"Text1"。首先创建第 1 个文本框，然后创建第 2 个文本框，系统自动将第 2 个文本框名称设置为"Text2"，如果我们在属性窗口中把"Text2"改为"Text1"，这时会出现如图 5-1 所示的对话框。

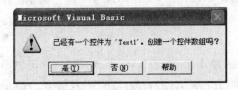

图 5-1　控件数组对话框

单击"是"按钮，系统自动设置第 1 个文本框的 Index 属性值为"0"，第 2 个文本框的 Index 属性值为"1"。用这种方法添加的控件仅仅共享 Name 属性和控件类型，创建控件时设置的其他属性保持不变。

②通过复制已有的控件并将其粘贴到窗体上添加控件数组元素。

例如，创建含有两个文本框的控件数组，先创建第 1 个文本框，然后执行"编辑"→"复制"菜单命令(或按快捷键 Ctrl+C)，将其放入剪贴板中，接着单击窗体后执行"编辑"→"粘贴"菜单命令(或按快捷键 Ctrl+V)，系统将同样显示如图 5-1 所示的对话框，询问是否确认创建控件数组。单击"是"按钮，窗体的左上角出现一个同样的控件，这就是控件数组的第 2 个控件，该控件的索引值为"1"，绘制的第 1 个控件具有索引值"0"。若还要添加控件，只需要重复前面的复制/粘贴步骤即可得到其他控件。

每个数组元素的索引值与其添加到控件数组中的次序相同。在设计阶段，可以改变控件数组元素的 Index 属性，但不能在运行阶段改变。在添加控件时，大多数可视属性，如高度、宽度和颜色,将从数组中第 1 个控件复制到新控件中。

③通过将控件的 Index 属性设置为非 Null 数值创建控件数组。

例如,创建含有两个文本框的控件数组,先创建第 1 个文本框,然后将其 Index 属性值改为"0",接着利用前两种方法中的任何一种添加控件数组的第 2 个文本框,这时系统自动将第 2 个文本框的 Index 属性值设置为"1",以和控件数组的第 1 个文本框相区分。系统将不会出现对话框询问是否确认创建控件数组。

控件数组中的控件名为:

**"数组名"+ Index**

下面,我们使用控件数组创建一个简单的显示数字程序。

界面中有一个文本框(txtNo),用于显示所拨的电话号码,按钮控件数组(Command1)用于显示数字,Index 属性是 0 ～ 9,Caption 属性为相应的数字。运行界面如图 5-2 所示。

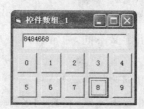

图 5-2    程序运行结果

程序代码如下:

```
Private Sub Command1_Click(Index As Integer)              '单击任一控件数组按钮触发的事件
        txtNo. Text=txtNo. Text & Command1(Index). Caption
End Sub
```

程序中控件数组按钮的单击事件"Private Sub Command1_Click(Index As Integer)"比使用非控件数组按钮多了"(Index As Integer)"索引号部分。Index 值用来确定所单击的是哪个控件元素。

(2)在运行时创建新控件

在运行时创建的新控件必须是控件数组的元素,每个新控件都与已有的控件数组元素的事件过程相同。

由于新控件必须是已有控件数组的元素,在设计时先要创建一个 Index 属性为"0"的控件数组,然后在运行时可用 Load/Unload 语句添加/删除控件数组中的控件。

Load 和 Unload 语句格式如下:

**Load 对象 (Index)**

**Unload 对象 (Index)**

**例 5.1**    在窗体中已有一个命令按钮控件,名称为 Command1,Index 属性为"0",界面如图 5-3 所示。在运行时,再添加 8 个新的命令按钮,运行后的界面如图 5-4 所示。

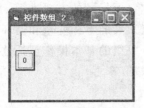

图 5-3　设计效果　　　　　　　图 5-4　程序运行结果

程序代码如下：

```
Private Sub Form_Load()                        '在窗体中排列式地创建控件数组
    Dim i As Integer
    For i=1 To 9
        Load Command1(i)
        Command1(i).Left=Command1(0).Left+500*i
            If i>4 Then
                Command1(i).Top=Command1(0).Top+500
                Command1(i).Left=Command1(0).Left+500*(i-5)
            End If
        Next i
End Sub

Private Sub Form_Activate()                     '设置按钮可见
    Dim i As Integer
    For i=1 To 9
        Command1(i).Visible=True
        Command1(i).Caption=Command1(0)+i
    Next i
    End Sub

    Private Sub Command1_Click(Index As Integer)
    txtNo.Text=txtNo.Text & Command1(Index).Caption
End Sub
```

**注意**：由于不会自动把 Visible 属性设置值复制到控件数组的新元素中，所以为了使新添加的控件可见，必须在代码中将 Visible 属性设置为"True"。"Private Sub Form_Load()"事件的功能是在装载窗体时，把命令按钮控件数组创建并分布在窗体上。

# 5.4　数组的基本操作

数组是一种结构类型，数组名通常表示该数组整体，但对数组的操作实际上是针对每个数组元素进行的。对数组元素的访问可以通过"数组名(下标)"的方式进行,下标是可以变化的,可用下标变量来表示。因此,程序中常常将数组元素的下标变量和循环语句相结合,用来访问不同的数组元素以实现对整个数组的操作。数组的基本操作包括数组初始化、数组和数组元素的赋值、读取数组中的元素以及数组的输出等。

## 5.4.1 数组初始化

数组初始化是指定义数组的同时给数组的每一个元素赋一个初始值。VB 提供的函数 Array 可以使数组在编译阶段(程序运行之前)被初始化,即数组的每一个元素得到初始值。

Array 函数的使用可将一个数据集读入某个数组,语法格式为:

**数组变量名＝Array(数组元素初始值)**

说明:

①数组变量名必须是在此之前已经定义的数组名。

②初始值与相应数组元素一一对应,初始值之间用逗号隔开。

③初始化之前只能将数组变量定义为 Variant 类型或默认类型。

④数组变量可以不定义而直接由 Array 函数来确定。

例如:

A＝Array(2,3,4)

此时,数组 A 为 Variant 类型。

这种初始化方法只能用来初始化一维数组,不能用来初始化多维数组。下面通过一个例子说明对一维数组的初始化。

**例 5.2** 一维数组初始化实例。

程序代码如下:

```
Private Sub Form_Click()
    Dim a As Variant
    Dim n1 As String, n2 As String
    Dim i As Integer
    Number = Array("one", "two", "three")        ' 未定义而直接使用数组变量
    n1 = Number(1)
    n2 = Number(2)
    a = Array(3, 4, 5)                            ' 对前面定义过的通用类型变量 a 进
                                                 ' 行初始化
    For i = 0 To 2
        Print a(i)
    Next i
        Print n1, n2
End Sub
```

程序运行结果如图 5-5 所示。

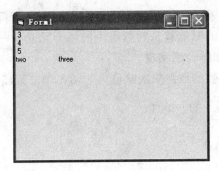

图 5-5 运行结果

## 5.4.2 数组和数组元素赋值

数组元素的赋值方式和基本类型数据变量的赋值方式是一样的。下面的程序段是对数组进行赋值:

```
Dim A(6) As Integer, Sum As Integer
...
A(6)=0
...
Sum=A(6)
...
A(6)=A(0)+ A(1)+ A(2)
```

程序第 1 行中的 A(6)不是数组元素,是数组说明定义部分,而其他语句中的 A(6)都是数组元素 A(6)。从中可以看出数组元素的引用格式为:

**数组名(下标值)**

例如:

```
A(2)
```

A 为数组名,圆括号中的 2 为下标值,表示所要引用的具体数组元素的位置。

在程序中,可把数组元素看作简单变量,任何简单变量能使用和出现的地方,数组元素都可使用和出现。

使用数组元素时要特别留意引用的数组元素下标值不能出界。

例如:

```
Dim A(4) As Integer,B(5,6) As Integer
...
A(5)=120
B(3,6)=60
```

B(4,7)＝A(3)＊5

上面程序段中,数组元素 A(5)和 B(4,7)均引用错误,其下标出界。

在 VB 中,对数组元素的赋值就是对数组中的每个元素一一赋值,所以,对数组元素的赋值可以通过和循环语句相结合来实现。

例如,给可存放 7 个整数的数组依次赋值为"0,3,6,9,12,15,18"。

```
Dim B(6) As Integer, i As Integer
For i = 0 To 6
    B(i) = 3 * i
Next i
```

### 5.4.3　数组输出

数组的输出同样是以数组元素为操作对象,可通过 Print 方法来实现。

**例 5.3**　有一个 5 阶方阵,方阵中每个元素的值等于其行号和列号的乘积,输出方阵中的下三角元素。

```
Private Sub Form_Click()
    Dim A(5, 5) As Integer, i As Integer, j As Integer
    For i = 1 To 5                          '此循环用来给二维数组赋值
        For j = 1 To 5
            A(i, j) = i * j
        Next j
    Next i
    For i = 1 To 5                          '此循环用来输出二维数组元素
        For j = 1 To i
            Print A(i, j); "";
        Next j
        Print
    Next i
End Sub
```

程序运行结果如图 5-6 所示。

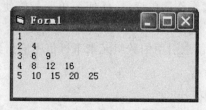

图 5-6　显示 5 阶矩阵下三角元素

### 5.4.4　数组复制

对于数组元素,它可以从一个数组复制到另一个数组中,这两个数组维数可以相同,也可以不同。

例如:

```
Dim A(8),B(5,7)
...
B(2,5)=A(6)
```

对于不同维数数组的复制,通常都使用 For 循环实现。

**例 5.4**　将一个二维数组 A(2,3)的所有元素按行的顺序存到一维数组中。

```
Private Sub Command1_Click()
    Dim A(2,3) As Integer, B(12) As Integer
    For i = 0 To 2
        For j = 0 To 3
            A(i, j) = InputBox("请输入")
        Next j
    Next i
    For i = 0 To 2
        For j = 0 To 3
            B(i * 4+j) = A(i,j)
        Next j
    Next i
End Sub
```

### 5.4.5　For Each…Next 语句

For Each…Next 语句类似于循环语句,两者都是对某一组语句重复执行指定次数,但 For Each…Next 语句专门用于操作数组或对象集合。语句格式为:

**For Each 成员 In 数组**
　　　**＜循环体＞**
　　**[Exit For]**
　**Next 成员**

功能:根据数组元素的个数重复执行循环体中的语句。

说明:

此处的成员必须是一个 Variant 型变量,为循环而设,表示数组中的某个元素的值。数组是一个已经定义的数组名,它没有圆括号和上、下界。

执行过程:

成员先取得数组的第 1 个元素的值,然后进行必要的处理,执行循环体;执行完一次循环后,成员再取得数组的第 2 个元素的值,进行处理。如此重复,直到取得数组最后一个元素的值,完成最后一次循环。由于成员的取值顺序和数组元素在数组中的排列顺序一致,因此不需指明循环条件。

**例 5.5**　将数组 A 中的元素赋值并输出。

```
Private Sub Form_Click()
    Dim A(6) As Integer, i As Integer
    Dim A_ELEM As Variant
    For i = 0 To 6
        A(i) = 2 * i + 1
        Print A(i); "";
    Next i
    Print
    For Each A_ELEM In A
        Print A_ELEM; "";
    Next A_ELEM
End Sub
```

程序运行结果如图 5-7 所示。

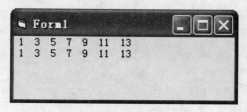

图 5-7　程序运行结果

# 5.5　应用实例

**实例 1**　已知 Fibonacci 数列为"1,1,2,3,5,8,…"。Fibonacci 数列满足如下关系:

$F_1 = 1$
$F_2 = 1$
$F_n = F_{n-1} + F_{n-2}$

编程实现在窗体中单击鼠标时,从键盘输入整数 N,在窗体上显示 Fibonacci 数列的前 N 项。

程序代码如下:

```
Private Sub Form_Click()
```

```
        Dim i As Integer，f() As Integer
        Dim N As Integer
        N = Val(InputBox("请输入数组元素个数","输入"，，2000，2000))
        If N <> 0 Then
            ReDim f(N)
            f(0) = 1：f(1)= 1                        '设置 F1、F2 的初始值
            For i = 2 To N － 1                       '计算 Fn
                f(i) = f(i － 2)＋ f(i － 1)
            Next i
            For i = 0 To N － 1
                Print f(i)；Spc(3)；                  '输出一个数值后空 3 格
                If (i ＋ 1) Mod 5 ＝ 0 Then Print     '打印 5 个数换一行
            Next i
        End If
    End Sub
```

程序说明：

①数组元素个数由 InputBox 输入，因此需要采用动态数组。在数组元素个数输入后用 ReDim 重新确定数组大小。

②设置输入元素个数对话框位置为(2000,2000)，如图 5-8 所示。当从输入对话框中输入数据后，必须用 Val 函数将字符串转换成数值。

图 5-8　输入对话框

③由于动态数组 f 被定义为 Integer 类型，而该类型范围内的最大值为 32767，大于这个值就会溢出。因此，本程序的数组元素个数最多 23 个。若从输入对话框中输入的是"18"，那么下标从 0～17，通过 For … Next 循环计算，输出 Fibonacci 数列各个元素的值。运行结果如图 5-9 所示。

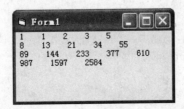

图 5-9　程序运行结果

**实例 2**　冒泡排序(升序排列)。设有 10 个数存放在数组 A 中，分别表示为 A(1),A(2),

…,A(10)。

第 1 次外循环:先将 A(1)与 A(2)比较,若 A(2)<A(1),则将 A(1)、A(2)互换,A(1)存放较小者。再将 A(1)与 A(3),…,A(10)比较,依次做出同样的处理,10 个数中的最小者存入 A(1)中。

第 2 次外循环:将 A(2)与 A(3),…,A(10)比较,将第 1 次外循环余下的 9 个数中的最小者存入 A(2)中。

继续执行循环,依次做出同样的处理,直到第 9 次外循环后,余下的 A(10)自然就是 10个数中的最大者。

至此,10 个数已按从小到大的顺序存放在 A(1),A(2),…,A(10)中。

程序代码如下:

```
Private Sub Form_Click()
    Dim A(1 To 10) As Integer, temp As Integer
    Dim i As Integer, j As Integer
    Print "排序前的数组 A:"
    For i = 1 To 10
        A(i) = Val(InputBox("请输入元素" & "A(" & Str(i) & ")" & "的值"))
                                                    '将输入的字符串转换为数值
        Print "A(" & Str(i) & ")=" & A(i) & " ";    '在窗口显示刚刚输入的 10 个元素
        If i Mod 5 = 0 Then                         '显示 5 个元素后换行
        Print
        End If
    Next i
    For i = 1 To 9
        For j = i + 1 To 10
            If A(i) > A(j) Then                     '比较相邻的数值,并调换顺序
                temp = A(i)                         'temp 作为中间变量
                A(i) = A(j)
                A(j) = temp
            End If
        Next j
    Next i
    Print "排序后的数组 A:"
    For i = 1 To 10
    Print "A(" & Str(i) & ")=" & A(i) & "  ";
    If i Mod 5 = 0 Then
    Print
    End If
    Next i
End Sub
```

运行时出现如图 5-10 所示的输入对话框,若分别输入"78,39,65,49,99,16,2,51,86,

75",运行后的结果如图 5-11 所示。

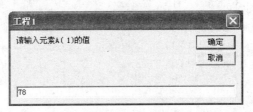

图 5-10　输入对话框

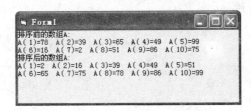

图 5-11　程序运行结果

**实例 3**　选择排序(升序排列)。设有 10 个数存放在数组 A 中,分别表示为 A(1),A(2),…,A(10)。

第 1 次外循环:先将 A(1)与 A(2)比较,指针 k 指向 1,若 A(2)<A(1),则将指针指向 2(指针指向较小者)。再将 A(k)与 A(3),…,A(10)比较,并依次做出同样的处理,指针 k 指向 10 个数中的最小者,然后将 A(k)与 A(1)互换。这时 10 个数中的最小者就存放在 A(1)中。

第 2 次外循环:先将指针指向 2,将 A(k)与 A(3),…,A(10)比较,并依次做出同样的处理,将指针 k 指向第 1 次外循环后剩下的 9 个数中的最小者,然后再将 A(k)与 A(2)互换,将第 1 次外循环余下的 9 个数中的最小者存入 A(2)中。

继续执行循环,依次做出同样的处理,直到第 9 次外循环后,余下的 A(10)自然就是 10 个数中的最大者。

至此,10 个数已按从小到大的顺序存放在 A(1),A(2),…,A(10)中。

程序代码如下:

```
Private Sub Form_Click()
    Dim A(1 To 10) As Integer, temp As Integer
    Dim i As Integer, j As Integer
    Print "排序前的数组 A:"
    For i = 1 To 10
        A(i) = Val(InputBox("请输入元素" & "A(" & Str(i) & ")" & "的值"))
                                            '将输入的字符串转换为数值
        Print "A(" & Str(i) & ")=" & A(i) & " ";    '在窗口显示刚刚输入的 10 个
                                            '元素
        If i Mod 5 = 0 Then                 '显示 5 个元素后换行
        Print
        End If
```

```
            Next i
            For i = 1 To 9
                k = i                              '循环开始,指针首先指向 A(i)
                For j = i + 1 To 10
                    If A(k) > A(j) Then            '依次比较,并调整指针 k 指向
                                                   '较小的数

                        k = j
                    End If
                Next j
                If k <> i Then                     '如果指针 k 指向的不是 A(i),
                                                   '则将指针 k 指向的最小的数
                                                   '存入 A(i)

                    temp = A(i)
                    A(i) = A(k)
                    A(k) = temp
                End If
            Next i
            Print "排序后的数组 A:"
            For i = 1 To 10
                Print "A(" & Str(i) & ")=" & A(i) & " ";
                If i Mod 5 = 0 Then
                Print
                End If
            Next i
    End Sub
```

运行时出现如图 5-12 所示的输入对话框,运行后的结果如图 5-13 所示。

图 5-12　输入对话框

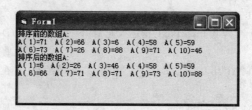

图 5-13　程序运行结果

# 本章小结

　　本章介绍了数组的基本知识及基本操作，并以实例介绍了数组的应用。数组的应用非常广泛，但初学者对数组的理解可能有一些困难，只要认真学习和加强练习，读者就能体会到数组的强大功能。

# 第6章 过程

在应用程序的编写中,有时问题比较复杂,这时按照结构化程序设计的原则,可以把问题逐步细化,分成若干个功能模块。通过 VB 提供的自定义过程将功能模块定义成一个个过程,供事件过程多次调用。使用过程的好处是使程序简练、便于调试和维护。

在 VB 中过程分为两种:一是系统提供的内部函数过程和事件过程,其中事件过程是构成 VB 应用程序的主体,应用设计基本上是对事件过程进行设计;二是用户根据应用的需要设计的过程,称为通用过程。

在 VB 中自定义过程分为以下 4 种:

①以"Sub"关键字开始的子过程。

②以"Function"关键字开始的函数过程。

③以"Property"关键字开始的属性过程。

④以"Event"关键字开始的事件过程。

所有的可执行代码都必须属于某个过程。另外,属性过程和事件过程只有在用户自己设计有关 ActiveX 控件和类模块时需要设计,本书暂不讨论。本章介绍用户自定义的子过程和函数过程。

## 6.1 子过程的定义和调用

### 6.1.1 子过程的定义

子过程是用特定格式组织起来的一组代码,通常用来完成一个特定的功能,可以被其他过程作为一个整体来调用。在 VB 中,用 Sub 语句定义的过程称为子过程。子过程定义的格式为:

```
[Static][Private|Public] Sub 过程名 ([参数列表])
        语句序列
    [Exit Sub]
        语句序列
End Sub
```

说明:

①通用子过程的结构与事件过程的结构类似,以 Sub 开头,以 End Sub 结束,二者之间的程序段就是能够完成某个功能的语句序列,称为"过程体"或"子程序体"。

②Static:如果使用了 Static 关键字,使过程中的局部变量定义为 Static 型,那么在每次调用过程时,局部变量的值保持不变,当程序退出该过程后,局部变量的值仍然保留,作为下次调用时的初值。如果省略 Static 关键字,局部变量为默认型,即在每次调用过程时,局部变量被初始化为 0 或空字符串。但是,如果在过程中使用的是该过程之外定义的变量,Static 关键字将不会对其产生任何影响。

③Private:表示定义子过程为私有过程,它只能被本模块中的其他过程调用,不能被其他模块中的过程调用。

④Public:表示定义子过程为公有过程,它可以被程序中的所有模块调用。本窗体和其他窗体模块都可调用,但过程名必须唯一,否则必须在过程名前加上该过程所在的窗体名或模块名作为前缀。另外,若未声明子过程是 Private 或 Public,则系统默认该子过程为Public。

⑤过程名:与变量名的命名规则相同。一个过程只能有一个唯一的过程名。在同一个模块中,子过程名不能与函数名相同。无论有无参数,过程名后的圆括号都不能省略。

⑥参数列表:列出其他过程与本过程进行参数传递和交换的形式参数,当参数数量大于等于 2 时,参数之间必须用逗号隔开。每个参数的格式如下:

**[ByVal|ByRef] 变量名[()] [As 数据类型]**

参数中的各组成部分说明如表 6-1 所示。

表 6-1　参数说明

| 组成部分 | 含　义 |
| --- | --- |
| ByVal | 表示该参数按值传递 |
| ByRef | 表示该参数按地址传递(过程中参数的默认传递方式) |
| 变量名[()] | 表示可以使用合法的 VB 变量名。如果是数组,要在数组名后面加上圆括号 |
| 数据类型 | 可以是 Integer、Long、Single、String 等类型或用户自定义类型。默认为 Variant |

⑦Exit Sub:在过程中的任意位置终止过程的运行,并退出该过程。过程中可以使用多个 Exit Sub 语句,也可以省略不用。

⑧End Sub:过程结束的标识,用来正常终止过程。每个子过程必须有一个 End Sub语句。

⑨子过程定义内部不能再定义其他过程,也不能用 GoTo、GoSub 或 Return 语句进入或退出子过程,但可以通过嵌套调用执行其他合法的过程。

⑩子过程可以是递归的,也就是说,该子过程可以调用自己来完成某个特定的任务,但递归可能会导致堆栈上溢。通常,Static 关键字和递归的子过程不在一起使用。

## 1. 事件过程

事件是能被对象(窗体和控件)识别的规定动作。例如,Click、DblClick、Change(内容改变)和 Timer(定时)等。事件过程就是为事件编写的程序代码。事件过程前面的声明都是 Private。

**例 6.1**    单击窗体,在窗体中显示"Hello World"。

```
Private Sub Form_Click()
    Form1. Caption="事件过程"
    Print "Hello World"
End Sub
```

运行结果如图 6-1 所示。

图 6-1    程序运行结果

**2. 通用过程**

通用过程与事件过程不同,通用过程并不由对象的某种事件激活,也不依附于某个对象。如果两个以上的不同事件过程需要执行同样的动作时,为了不重复编写代码,可以使用通用过程来实现。由事件过程调用通用过程。通用过程可以保存在窗体模块(.frm)和标准模块(.bas)中。

如果一个通用过程声明之后未被调用,该过程永远不会被执行。因此事件过程是必要的,而通用过程不是必要的,只是为了程序员编程方便而单独建立的。

**例 6.2**    编写一个交换两个整型变量值的子过程。

```
Private Sub Swap(X As Integer, Y As Integer)
    Dim temp As Integer
    temp=X
    X=Y
    Y=temp
End Sub
```

## 6.1.2    子过程的建立

创建子过程有两种方法。

**1. 在窗体模块中建立子过程**

操作步骤如下:

　　①双击窗体进入代码窗口，在"对象"下拉列表框中选择"通用"，在"过程"下拉列表框中选择"声明"。

　　②在窗口内输入"Sub"和"过程名"，然后按 Enter 键。系统自动在过程名后加圆括号，并把 End Sub 语句写入下一行。这时，"过程"下拉列表框中显示用户输入的过程名，如图 6-2 所示。

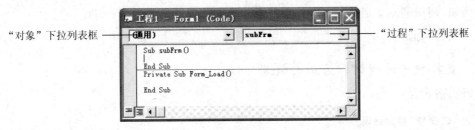

图 6-2　代码窗口

　　③在 Sub 和 End Sub 语句之间输入所需的语句序列。

### 2. 在代码窗口中创建子过程

操作步骤如下：

　　①打开代码窗口。

　　②执行"工具"→"添加过程"菜单命令。

　　③在打开的"添加过程"对话框中输入 Sub 过程名，在"类型"栏中选定类型为"子程序"，在"范围"栏中选定是"公有的"或"私有的"，单击"确定"按钮，如图 6-3 所示。

　　④在 Sub 和 End Sub 语句之间输入所需的语句序列，如图 6-4 所示。

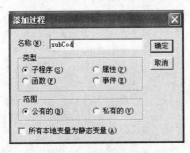

图 6-3　"添加过程"对话框

图 6-4　代码窗口

## 6.1.3　子过程的调用

　　子过程的执行必须通过调用来完成，子过程的调用是一个独立的语句。Sub 事件过程可由事件自动调用，或在同一模块中的其他过程中使用调用语句调用。调用子过程有以下两种方式。

### 1. 使用 Call 语句

语法格式为：

**Call 过程名[(参数列表)]**

Call 语句把程序控制转到由"过程名"指定的子过程。用 Call 语句调用子过程时，如果该过程没有参数，则实际参数可以省略，其圆括号也可以省略，否则应给出相应的实际参数，并把参数放在圆括号中。实际参数是传送给子过程的变量、常数、数组和表达式。当参数多于两个时，它们之间必须用逗号隔开。实际参数的类型应尽量与相应形式参数的类型一致。

例如，调用例 6.2 定义的 Swap 子过程的形式是：

```
Call Swap(a,b)
```

### 2. 直接把子过程名作为语句使用

语法格式为：

**过程名 [参数列表]**

这种方法与使用 Call 语句相比，效果是一样的。不同的是用该方法调用一个有参数的子过程时，必须省略参数列表两边的圆括号。另外，调用子过程必须是一个独立的语句，不能在表达式中调用子过程。

例如，调用例 6.2 定义的 Swap 子过程的形式是：

```
Swap a,b
```

**例 6.3**　编写一个求 n! 的子过程，然后调用它计算 7!＋9!－8!。

```
Sub jc(n As Integer, s&)
    Dim i As Integer
    s = 1
    For i = 1 To n
        s = s * i
    Next i
End Sub

Private Sub Form_Click()
    Dim a&, b&, c&, d&
    Call jc(7, a)
    Call jc(9, b)
    jc 8, c
    d = a + b − c
    Print "7!＋9!−8!="; d
End Sub
```

# 6.2　函数的定义和调用

## 6.2.1　函数的定义

在 VB 中,用 Function 语句定义的过程称为函数。函数定义的格式为:

[Static][Public|Private] Function 函数名[(参数列表)][As 数据类型]
　　　　语句序列
　　　　[Exit Function]
　　　　语句序列
　　　　[函数名＝表达式]
End Function

说明:

①函数以 Function 开始,以 End Function 结束,二者之间的程序段就是能够完成某个功能的语句序列,称为"函数体"或"子函数体"。

②格式中的"[Static][Public|Private]Function 函数名"和"参数列表"的含义、作用、格式、使用方法均与子过程中的定义相同。

③Exit Function 的作用与 Exit Sub 相同。

④由函数返回的值放在表达式中,再由"函数名＝表达式"语句将它赋给函数名,这是与子过程定义的不同之处。通常程序员定义函数的目的就是为完成某个指定功能后,能返回一个值给调用它的程序,因此函数定义至少应有一个语句给函数名赋值。如果不赋值,则系统默认返回值 0(数值型函数),或空串(字符型函数),或空值(Variant 型函数)。

⑤与子过程定义一样,函数定义的函数体内部不允许定义其他的函数和子过程。

## 6.2.2　函数的建立和调用

前面介绍的建立子过程的两种方法同样适用于建立函数,只需要把 Sub 换成 Function 即可。

调用函数过程可以由函数名返回一个值给调用程序,被调用的函数必须作为表达式或表达式中的一部分,再与其他的语法成分一起配合使用。因此,与子过程的调用方式不同,函数不能作为单独的语句加以调用。最简单的情况就是在赋值语句中调用函数过程,其格式为:

　　　变量名＝函数过程名([参数列表])

**例 6.4**　用函数实现对例 6.3 的求解。

```
Function jc(n As Integer) As Long
    Dim i As Integer
    jc = 1
    For i = 1 To n
        jc = jc * i
    Next i
End Function


Private Sub Form_Click()
    Dim d As Long
    d = jc(7) + jc(9) - jc(8)
    Print "7!+9!-8!="; d
End Sub
```

# 6.3   参数传递

## 6.3.1   形式参数和实际参数

### 1. 形式参数

形式参数简称形参,指的是在定义过程时,出现在 Sub 或 Function 语句行中的变量,是接收数据的变量。形参列表中的各个变量之间用逗号隔开,且这些变量名只能在过程内部使用。另外,形参只能使用变长数据类型,不能使用定长,如"x As String * 4"这样的定长字符就不能在形参中使用。

### 2. 实际参数

实际参数简称实参,指的是在调用过程时传送给子过程或函数的常数、变量、表达式或数组控件对象等。

在定义过程时,形参先为实参预留位置,在调用过程时实参就按位依次传递给形参。形参名与实参名可以不相同,但是变量的个数和相应的数据类型必须相同。

例如:

```
Sub Exsjcs(a As Integer, b As String, c As Single)
    …
End Sub
```

用到的调用语句是:

```
Call Exsjcs (A%, "Study", C!)
```

形参与实参的对应关系如下表所示：

| 过程定义时的形参： | a | b | c |
|---|---|---|---|
| 过程调用时的实参： | A% | "Study" | C! |

## 6.3.2　传值调用和传址调用

在调用过程时，一般主调过程与被调过程之间有数据传递，即将主调过程的实参传递给被调过程的形参，完成实参与形参的结合，然后执行被调过程体。在 VB 中，实参与形参的结合有两种方式：传址和传值，传址是默认的方式。两种结合方式的区分标志是"ByVal"关键字，形参前加"ByVal"时是传值，否则为传址。

### 1. 传址调用

在调用过程时，参数传递的默认方式是按地址传递，因此，不需要加关键字 ByRef 就是传址方式。传址方式的特点是让过程根据变量的内存地址去访问变量的内容，即形参与实参共用相同的内存单元。这就意味着形参的改变将影响实参的改变，实际上形参就是实参的别名。

**例 6.5**　用传址方式求两个数值中的较大数。

Max 函数的功能是求最大数。在 Command1_Click 事件中调用 Max 函数的程序代码如下：

```
Private Sub Command1_Click()
    Dim a As Integer, b As Integer, c As Integer
    a＝Val(txtA. Text)
    b＝Val(txtB. Text)
    txtMax＝Max(a,b)                          '显示较大值
    txtResA. Text＝a
    txtResB. Text＝b
End Sub
```

被调用函数 Max 的程序代码如下：

```
Private Function Max(x As Integer, y As Integer)        '求较大值
    Dim z As Integer
    If x＜y Then
        z＝x
        x＝y
        y＝z
    End If
    Max＝x
    txtX. Text＝x                              'x 的值放在文本框中显示
    txtY. Text＝y
End Function
```

当在文本框 txtA 和 txtB 中分别输入变量 a 的值"2",变量 b 的值"6"时,从图 6-5 可以看出,由于形参和实参共用一个内存单元,因此在被调函数中交换 x 和 y 的数值后,a 和 b 的数值也同样发生了变化。

因此,传址方式比传值方式在传递参数方面更节省内存空间,程序的运行效率更高。

图 6-5　程序运行结果

### 2. 传值调用

在按值传递参数时,系统把需要传递的变量复制到一个临时单元中,然后把该临时单元的地址传送给被调用的子过程。由于子过程没有访问变量的原始地址,因而不会改变原来变量的值。所以,传值方式只是传递变量的副本,如果过程改变了这个值,所做的变动只会影响副本,并不会涉及变量本身。当被调过程结束调用返回主调过程时,VB 将释放形参的临时内存单元。

**例 6.6**　用传值方式求两个数值中的较大数。

在 Command1_Click 事件中的主调过程不变,程序代码如下:

```
Private Sub Command1_Click()
    Dim a As Integer,b As Integer,c As Integer
    a=Val(txtA. Text)
    b=Val(txtB. Text)
    txtMax=Max(a,b)                          '显示较大值
    txtResA. Text=a
    txtResB. Text=b
End Sub
```

被调用的 Max 函数的程序代码如下:

```
Private Function Max(ByVal x As Integer,ByVal y As Integer)
    Dim z As Integer
    If x<y Then
        z=x
        x=y
        y=z
```

```
        End If
        Max＝x
        txtX. Text＝x                              '显示 x 的值
        txtY. Text＝y
    End Function
```

由图 6-6 可以看出,通过函数调用,给形参分配临时内存单元 x 和 y,将实参 a 和 b 的数据传递给形参,内存单元 x 和 y 的值与 z 交换数据。调用结束,实参单元 a 和 b 仍然保留着原值,这说明实参向形参传递数据是单向的。

图 6-6　程序运行结果

## 6.3.3　数组参数的传递

数组可以作为过程的参数。在过程定义时,形参列表中的数组用数组名后的一对空的圆括号表示。在过程调用时,实参列表中的数组可以只用数组名表示,圆括号省略。当用数组作为过程的参数时,进行的不是"值"的传递,而是"址"的传递,不能用 ByVal 关键字修饰。在过程定义体内,如果需要知道参数的上、下界,可用 UBound 和 LBound 函数确定实参数组的上、下界。

**例 6.7**　用数组作参数,求一维数组中的所有负元素之和。

```
Function sum%(b%())
    Dim i%
    For i = LBound(b) To UBound(b)
        If b(i) < 0 Then
            sum = sum + b(i)
        End If
    Next i
End Function

Private Sub Form_Click()
```

```
Dim a%(10),s%,i%
For i = 1 To 10
    a(i) = Int(Rnd * 100) - 50
    Print a(i);
Next i
Print
s = sum(a())
Print "数组中的负元素之和为:";s
End Sub
```

程序运行结果如图 6-7 所示。

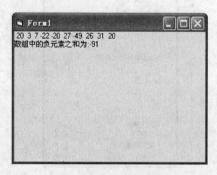

图 6-7　程序运行结果

# 6.4　变量、过程的作用域

在 VB 程序中定义的变量、过程都有其作用域。所谓作用域,就是变量、过程可以被使用的范围。作用域可分为过程、模块(文件)和全局(工程)3 个层次。其中,过程的作用域最小,仅限于过程内部;模块次之,仅在某个模块或文件内;而全局范围最大,可作用于整个应用工程范围内。

## 6.4.1　变量的作用域

变量的作用域决定了哪些子过程和函数过程可访问该变量。变量的作用域分为局部变量、窗体/模块级变量和全局变量。

1.局部变量

局部变量只有在声明它的过程内部才能使用,其他过程不能使用和改变其值。局部变量的定义方式是 Dim 或 Static 语句。

说明:

①局部变量一般用来存放中间结果或临时变量。因此,局部变量随着过程被调用而产

生,又随着过程调用结束而结束。

②用 Dim 语句声明的变量只能存在于过程执行时,退出过程后,此类变量产生的值就会消失。而用 Static 语句声明的变量产生的值可以在应用程序的整个运行过程中一直存在,但不能被访问,除非调用声明它的过程。因此,如果是临时的计算,采用局部变量是最佳选择。

③如果一个过程与另一个过程内部使用了相同的变量名,只要在各个过程中显式声明(用 Dim 和 Static 语句)它,该变量名就只作用于定义它的过程,而不会影响其他过程。

④如果是没有在过程中显式定义过的变量,除非它在该过程外更高级别的位置被显式定义过,否则它也是局部变量。可以使用 Option Explicit 语句强制显式定义变量。

### 2. 窗体/模块级变量

窗体/模块级变量包括窗体变量和标准模块变量。窗体/模块级变量的声明方式是在窗体、模块的通用段中使用 Dim 或 Private 语句。

说明:

①在默认情况下,窗体/模块级变量可以被该窗体、模块的所有过程和函数使用,而其他窗体、模块的过程和函数则不能使用它。

②窗体/模块级变量随窗体的产生而产生,随窗体的结束而结束。

③Private 和 Dim 的作用相同,但用 Private 语句声明能提高代码的可读性。

④窗体/模块级变量必须在模块的通用段中声明才有效。

### 3. 全局变量

全局变量可以在应用程序的所有模块或窗体中的过程内部使用,故全局变量的作用域是整个应用程序。全局变量在标准模块的通用段中使用 Public 或 Global 语句声明。

说明:

①全局变量必须声明在标准模块中。

②在多人合作编写一个工程的不同模块时,全局变量的值在程序中被误修改的可能性较大。因此,如果要在模块中使用全局变量,必须在该变量名前加上模块名,即"模块名. 全局变量名"。

**例 6.8**　不同作用域变量的使用。

在 Form1 窗体的代码窗口中输入如下程序代码:

```
Private a%                          '窗体/模块级变量

Private Sub Form_Click()
    Dim c%,s%                       '局部变量
    c = 20
    s = a + Form2.b + c             '引用各级变量
    Print "s=";s
End Sub

Private Sub Form_Load()
```

```
        a = 10                          '给窗体/模块级变量赋值
        Form2. Show
    End Sub
```

添加 Form2 窗体，在它的代码窗口中输入如下程序代码：

```
    Public b%                          '定义全局变量

    Private Sub Form_Load()
        b = 30                         '给全局变量赋值
    End Sub
```

运行程序，单击 Form1 窗体，运行结果如下：

    s=60

在本例中，我们在 Form1 窗体的 Click 事件过程中引用了 Form2 窗体中定义的全局变量 b，由此可以看出在代码窗口通用声明段中用 Public 定义的变量确实是在整个应用程序中起作用的。

如果将 Form1 代码窗口中的 Form_Click 事件过程做如下变动：

```
    Private Sub Form_Click()
        Dim c%,s%,b%                    '局部变量
        c = 20
        b = 40
        s = a + b + c
        Print "s=";s
    End Sub
```

运行结果变为：

    s=70

原因是在 VB 中，当同一应用程序中定义了不同级别的同名变量时，系统优先访问作用域小的变量。上例改动后，系统优先访问了局部变量 b，因此结果当然也相应地改变了。如果想优先访问全局变量，则应在全局变量前加上窗体/模块名。

### 6.4.2  过程的作用域

过程的作用域有别于变量的作用域，它通常只分为两级：模块级（文件级）和全局级。

1. 模块级过程

模块级过程是指该过程只能在本模块（文件）中定义的调用过程。模块级过程的作用域只限于本模块（文件）。其定义方式是在 Sub 或 Function 前加关键字 Private。

2. 全局级过程

全局级过程是指能在整个应用程序的数个模块（文件）中调用的过程，因此全局级过程

的作用域是整个应用程序（工程）。其定义方式是在 Sub 或 Function 前加关键字 Public。
在定义过程时，如果不做任何声明，则该过程默认为全局级。

**例 6.9**  全局级过程的调用，如图 6-8 所示。

图 6-8  不同窗体对过程的调用

**Form1 窗体模块中的过程代码如下：**

```
Public Function mian_ji(x As Single，y As Single) As Single
    mian_ji = x * y
End Function


Private Sub Command1_Click(index As Integer)
    Dim a As Single，b As Single
    Dim n As Integer
    a = Val(Text1(0). Text)
    b = Val(Text2(1). Text)
    n = index
    If n = 0    Then
        Label2(0). Caption = mian_ji(a, b)
    Else
        Label2(1). Caption = zhou_chang(a, b)
    End If
End Sub


Private Sub Form_Load()
    Form2. Show
End Sub
```

**Form2 窗体模块中的过程代码如下：**

```
Private Sub Command1_Click(index As Integer)
    Dim a As Single
    Dim b As Single
    Dim n As Integer
    a = Val(Text1(0). Text)
    b = Val(Text1(1). Text)
    n = index
    If n = 0 Then
```

```
            Label2(0). Caption = Form1. mian_ji(a, b)
        Else
            Label2(1). Caption = zhou_chang(a, b)
        End If
    End Sub
```

标准模块 Module1 中的过程代码如下：

```
Public Function zhou_chang(x As Single, y As Single) As Single
    zhou_chang = 2 * (x + y)
End Function
```

### 6.4.3　静态变量

对于局部变量除了用 Dim 语句声明外，还可用 Static 语句将变量声明为静态变量，它在程序运行过程中可保留变量的值。也就是说，每次调用过程后，用 Static 声明的变量会保留运行后的结果。而在过程内用 Dim 声明的变量，每次调用过程结束，都会将这些局部变量释放掉。

语句格式为：

**Static 变量名[As 数据类型]**

**Static Function 函数名([参数列表])[As 数据类型]**

**Static Sub 过程名[(参数列表)]**

说明：

①若函数名或过程名前加 Static，表明该函数或过程内部的局部变量都是静态变量。

②静态变量由于一直保留着其内存单元，因此函数或过程中的静态局部变量要比动态局部变量慢 2～3 倍。所以静态变量效率不高，系统开销大，尽量少用。

③静态变量的作用域只能在声明它的过程或函数内部，其他函数或过程不能直接引用。

④静态变量不等同于常量，静态变量只能在函数或过程中用 Static 关键字声明，它可以被重新赋值，而常量却不能。

**例 6.10**　调用函数实现变量自动增 1 的功能。

```
Private Static Function s%()
    Dim sum%
    sum = sum + 1
    s = sum
End Function

Private Sub Form_Click()
    Dim i%
    For i = 1 To 5
        Print "第" & i & "次结果为" & s()
```

```
        Next i
    End Sub
```

程序运行结果如图 6-9 所示。

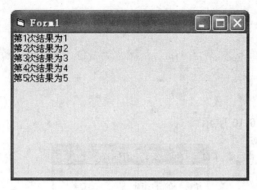

图 6-9　程序运行结果

# 6.5　递归

有时在编写程序时,会遇到这样的要求:为达到某个目的,需要重复不断地去执行某个完全相同的过程。这个过程就是递归,递归是一种特殊的嵌套。在 VB 中,一个过程可以直接或间接地调用自身,前者称为直接递归调用,后者称为间接递归调用。

当一个大问题能够分解成同类型的小问题,且问题的规模在逐渐减小时,才适合用递归解决。递归必须有相应的递归结束条件,否则递归将不能结束。

**例 6.11**　利用递归函数求 n!。

分析:过去我们采用的是正向相乘的方法,现在换一个方向,我们把 n! 看作 n*(n-1)!,而把(n-1)!看作(n-1)*(n-2)!,…,依次类推,直到最后一个数为 1 再顺次回传,求得 n!。

程序代码如下:

```
Private Function fact(n) As Double
    If n > 0 Then
        fact = n * fact(n - 1)
    Else
        fact = 1
    End If
End Function

Private Sub Command1_Click()
    Dim n As Integer, m As Double
```

```
        n = Val(Text1.Text)
        If n < 0 Or n > 20 Then
            MsgBox ("非法数据!")
            Exit Sub
        End If
        m = fact(n)
        Text2.Text = Format(m, "!@@@@@@@@@@")
        Text1.SetFocus
    End Sub
```

程序运行结果如图 6-10 所示。

图 6-10　程序运行结果

从上面的程序看出,在求解递归时应具备以下条件:

①有递归结束的条件和结束的返回值。

②有递归形式,并且递归逐渐向调用终止的条件发展。

**例 6.12**　用递归过程模拟汉诺塔。在 19 世纪末,汉诺塔是欧洲风行的一种游戏,并大肆宣传说,布拉玛神庙的教士所玩的这种游戏结束之日就是世界毁灭之时。游戏的装置如图 6-11 所示,由 3 根固定金刚石插针和堆放在一根针上由小到大的 64 个金属盘片组成,目的是借助于中间的插针,从左边移到右边。规则是:一次移动一个盘,无论何时,小盘在上,大盘在下。

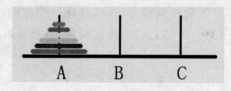

图 6-11　汉诺塔图示

程序代码如下:

```
    Private Sub Command1_Click()
        Text2.Text = 2 ^ Text1.Text - 1
        Call hanoi(Val(Text1.Text), "A", "B", "C")
    End Sub


    Sub hanoi(ByVal n As Integer, ByVal one As String, ByVal two As String, ByVal three As String)
        If n = 1 Then
```

```
            Text3. Text = Text3. Text + Chr(10) + one + "->" + three + "  "
            Print
        Else
            Call hanoi(n - 1, one, three, two)
            Text3. Text = Text3. Text + Chr(10) + one + "->" + three + "  "
            Print
            Call hanoi(n - 1, two, one, three)
        End If
    End Sub
```

程序运行结果如图 6-12 所示。

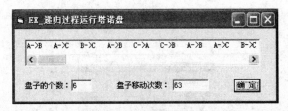

图 6-12　程序运行结果

**注意**：虽然递归方法能更自然地反映问题，使得程序代码更清晰、更易懂、更易于调试，但由于递归重复地激活过程，每次的递归调用都将产生创建过程的另一个副本，如果程序代码操作性能低，那么程序会很快导致系统溢出，这将极大地浪费处理器的时间和内存。所以在编程过程中需要用到递归时，要充分权衡其所带来的利弊。

# 6.6　常用算法

## 1. 求组合数

**例 6.13**　输入参数 n 和 m，求组合数。组合数 $C_n^m = n!/(m!(n-m)!)$。

求阶乘函数过程 Fact 的代码如下：

```
    Private Function Fact(x)
        p = 1
        For i = 1 To x
            p = p * i
        Next i
        Fact = p
    End Function
```

求组合数函数过程 Comb 的代码如下：

```
    Private Function Comb(n, m)
```

```
        Comb = Fact(n)/(Fact(m) * Fact(n - m))
    End Function
```

程序界面如图 6-13 所示,添加"="按钮 Command1 的 Click 事件代码如下:

```
Private Sub Command1_Click()
    m = Val(Text1. Text)
    n = Val(Text2. Text)
    If m > n Then
        MsgBox "请保证参数的正确输入."
        Exit Sub
    End If
    Text3. Text = Format(comb(n, m), "@@@@@@@@@@@@")
End Sub
```

图 6-13　程序运行结果

### 2.加密和解密

**例 6.14**　用异或操作实现简单加密和解密。加密和解密使用相同的密码和程序。

```
Function Encryption(src() As Byte, key() As Byte) As Byte()
    Dim a() As Byte
    Dim i,j,K,L As long
    K = UBound(src)
    L = UBound(key)
    ReDim a(K)
    j = 0
    For i = 0 To K
        a(i) = src(i) Xor key(j)
        j = j+1
        if j > L Then j = 0
    Next i
    Encryption = a
End Function

Private Sub Form_Click()
    Dim a() As Byte
    Dim b() As Byte
```

```
        a = "用于加密的密码"
        b = "加密"
        Print "加密前的明文:";a
        a = Encryption(a,b)                '将原文与密码进行异或运算,实现对原文的加密
        Print "加密后的明文:";a
        a = Encryption(a,b)                '将密文与密码进行异或运算,实现对密文的解密
        Print "解密后的明文:";a
    End Sub
```

程序运行结果如图 6-14 所示。

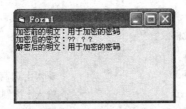

图 6-14　程序运行结果

### 3. 数制转换

**例 6.15**　编写函数,实现一个十进制整数转换成二至十六任意进制的字符串。

分析:这是一个数制转换问题,一个十进制正整数 n 转换成 r 进制数的方法是:将 n 不断除 r 取余数,直到商为零,反序得到结果,即最后得到的余数在最高位。

程序运行界面如图 6-15 所示。

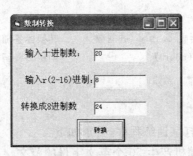

图 6-15　程序运行结果

```
' TranDec 函数将十进制整数转换成任意进制数
Function TranDec $ (ByVal n%, ByVal r%)
    Dim ys(60) As Long                      '存放除 r 后的余数
    Dim strBase As String * 16, strDtoR $ , iB%, i%
    strBase = "0123456789ABCDEF"
    i = 0
    Do While n <> 0                         '将 n 不断除 r 取余数,直到商为零
        ys(i) = n Mod r
        n = n \ r
        i = i + 1
```

```
        Loop
        strDtoR = " "
        i = i - 1
        Do While i >= 0                    '形成某进制的字符串
            iB = ys(i)                     '将余数转换成对应的字符
            strDtoR = strDtoR + Mid $ (strBase, iB+1, 1)
            i = i - 1
        Loop
        TranDec = strDtoR
End Function


Private Sub Command1_Click()
        Dim n0%, r0%, i%
        n0 = Val(Text1. Text)              '输入十进制正整数
        r0 = Val(Text2. Text)              '输入 r 进制数
        If r0 < 2 Or r0 > 16 Then          '输入数超出范围
            i = MsgBox("输入的 r 进制数超出范围!",vbRetryCancel)
            If i = vbRetry Then
                Text2. Text = " "
                Text2. SetFocus
            Else
                End
            End If
        End If
        Label3. Caption = "转换成"& r0 &"进制数"    '转换标签随输入的进制改变
        Text3. Text = TranDec(n0,r0)       '调用转换函数,显示转换结果
End Sub
```

### 4. 字符处理应用

**例 6.16**　编写一个英文打字训练程序,要求如下:

①在范文显示文本框内随机产生 50 个英文字母的范文。

②当焦点进入输入文本框时开始计时,并显示所用的时间。

③在输入文本框中按产生的范文输入相应的字母。

④输入满 50 个字母结束计时,禁止向输入文本框中继续输入内容,并显示打字的速度和正确率。

```
        Public t                          '定义全局变量 t


Private Sub Command1_Click()              '产生 50 个英文字母的范文
        Randomize
        Text1. Text = " "
        For i = 1 To 50
```

```
            a = Chr $ (Int(Rnd * 26)+97)        '随机产生小写字母
            Text1. Text = Text1. Text+a         '产生的字母连入范文显示框
        Next i
    End Sub


    Private Sub Text2_GotFocus()
        t = Time                                '输入文本框获得焦点,开始计时
    End Sub


    Private Sub Text2_KeyPress(KeyAscii As Integer)
        If Len(Text2. Text) = 50 Then           '输入满 50 个字符
            t2 = DateDiff("s",t,Time)           '计算打字时间
            Text3. Text = t2 & "秒"             '显示打字时间
            Text2. Locked = True                '不允许再修改
            k = 0                               '变量 k 统计输入正确数
            n = 0                               '变量 n 统计输入错误数
            For i = 1 To 50
                If Mid(Text1. Text,i,1) = Mid(Text2. Text,i,1) Then
                    k = k+1
                Else
                    n = n+1
                End If
            Next i
            k = k/(k+n) * 100                   '计算正确率
            Text4. Text = k & "%"
        End If
    End Sub
```

程序运行结果如图 6-16 所示。

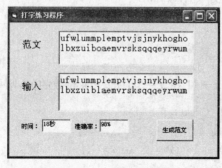

图 6-16　程序运行结果

### 5. 多项式求值和导数

**例 6.17**　计算多项式 $f(x)=a_n x^n+a_{n-1} x^{n-1}+\cdots+a_1 x+a_0$ 的值和一阶导数。

多项式的值可以用下面的函数计算：

```
Function polynomial(a() As Double，ByVal x As Double) As Double
    Dim i As Long
    Dim f As Double
    f = a(UBound(a))
    For i = UBound(a)-1 To 0 Step -1
        f = f * x+a(i)
    Next i
    Polynomial = f
End Function
```

若要计算 $4x^3+3x^2+7x+11$ 在 $x=3$ 时的值，则可用如下代码：

```
Private Sub Command1_Click()
    Dim a(3)As Double
    a(3) = 4：a(2) = 3：a(1) = 7：a(0) = 11
    Print polynomial(a()，3)
End Sub
```

程序运行结果为：

167

多项式的一阶导数可以用下面的函数计算：

```
Function derivative(a() As Double，ByVal x As Double) As Double
    Dim i As Long
    Dim n As Long
    n = UBound(a)
    fx = 0
    For i= n To 1 Step -1
        fx = x * fx + a(i) * i
    Next i
    derivative = fx
End Function
```

若要计算 $4x^3+3x^2+7x+11$ 在 $x=3$ 时的一阶导数的值，则可用如下代码：

```
Private Sub Command1_Click()
    Dim a(3)As Double
    a(3) = 4：a(2) = 3：a(1) = 7：a(0) = 11
    Print derivative(a()，3)
End Sub
```

程序运行结果为：

133

### 6. 高次方程求根

在数学运算中,经常会遇到高次方程求根的问题,常用的求解方法有牛顿切线法、二分法和弦截法。本章仅介绍牛顿切线法。

牛顿切线法的思路是:

为方程 $f(x)=0$ 给定一个初值 $x_0$ 作为方程的近似根,则可以使用迭代公式:

$$x_{i+1}=x_i-\frac{f(x_i)}{f'(x_i)}$$

求解方程的更精确的近似根 $x_{i+1}$。

条件是:对任意给定的较小值 $\varepsilon$,总可以找到 $|x_{i+1}-x_i|<\varepsilon$。

由图 6-17 可以看出,牛顿切线法的实质是以切线与 x 轴的交点来作为曲线与 x 轴交点的近似值。

**例 6.18**　编程用牛顿切线法求解方程 $f(x)=5x^3-6x^2-11x+15=0$ 的近似根。

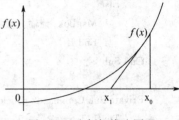

图 6-17　牛顿切线法原理

牛顿切线法求方程近似根的流程图如图 6-18 所示,界面设计及程序运行结果如图 6-19 所示。

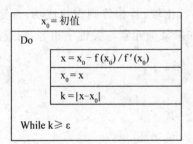

图 6-18　牛顿切线法流程图

图 6-19　牛顿切线法程序运行界面

程序代码如下:

```
Public Function fun(ByVal x As Double) As Double
    fun = (5 * x * x - 6 * x - 11) * x + 15          ' f(x)的表达式
End Function

Public Function deri(ByVal x As Double) As Double
    deri = (15 * x - 12)* x - 11                     ' f(x)的导数
End Function

Public Function itera(ByVal x0 As Double, ByVal a As Double) As Double
    Dim k As Double
    Do
        x = x0 - fun(x0) / deri(x0):k = Abs(x - x0):x0 = x
                                     ' 用迭代公式求解方程的近似根
```

```
        Loop While k >= a
        itera = x
    End Function


Private Sub Command1_Click()
    Dim x0 As Double, a As Double
    If Text1. Text <> "" And Text2. Text <> "" Then
        x0 = Val(Text1. Text) : a = Val(Text2. Text) : Text3. Text = itera(x0, a)
    Else
        MsgBox "请输入数据", vbInformation + vbOKOnly, "缺少数据"
        End If
End Sub


Private Sub Command2_Click()
    Text1. Text = "" : Text2. Text = "" : Text3. Text = "" : Text1. SetFocus
End Sub
```

### 7. 顺序查找

顺序查找即从数组的第 1 个元素开始与关键字进行比较,若相等则查找成功;否则,将下一个元素与关键字进行比较,直到最后一个元素。如果某个元素与关键字相等,则查找成功且停止查找;若找不到,则查找失败。

**例 6.19** 利用顺序查找法找出数组中的某个数。

```
Dim a()


Private Sub Command1_Click()
    Dim myrecord As Integer
    myword = Val(InputBox("请输入要查找的关键字"))              '从键盘输入要查找的数
    Call search(a, myword, myrecord)                          '调用查找子过程
    If myrecord = -1   Then
        MsgBox "没有您要查找的关键字", vbInformation + vbOKOnly, "查询结果"
    Else
        MsgBox "您要查找的关键字位置为" & myrecord, vbInformation + vbOKOnly, "查询结果"
    End If
End Sub


Public Sub search(p(), ByVal keyword, record As Integer)        '查找子过程
    Dim x As Integer
    record = -1
    For x = LBound(p) To UBound(p)
        If p(x) = keyword Then
            record = x : Exit For                                'record 保存查找到的位置
```

```
        End If
    Next
End Sub

Private Sub Command2_Click()                          '随机产生一个整型数组,
                                                      '包含 10 个整数

    ReDim a(1 To 10)
    Text1. Text = " "
    For i = 1 To 10
        a(i) = Int(Rnd * 91 + 10)
        Text1. Text = Text1. Text + Str(a(i))         '在文本框中显示
    Next
End Sub
```

程序运行结果如图 6-20 所示。

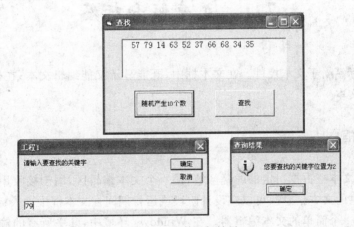

图 6-20　程序运行结果

# 本章小结

　　本章着重讲述了用户自定义的子过程和函数过程的基本知识,主要包括子过程和函数的定义和调用、二者之间的区别等。函数与过程有许多相似的地方,它们之间最大也是最本质的区别就在于:函数有一个返回值,而过程只是执行一系列动作。所以可以简单地把函数理解成为一个变量,而 VB 中的每个事件都是一个过程,如 Command1_Click()就是一个过程。通过本章的学习,要求读者能够掌握参数传递的方法,区别形参与实参、传址与传值调用,能够正确地区分和使用变量、过程的作用域,掌握递归调用及过程在常用算法中的应用。

# 第7章 常用内部控件

控件是 VB 通过工具箱提供的与用户交互的可视化部件,是构成用户界面的基本元素。掌握了控件的属性、事件和方法才能够进行实用应用程序的编写。本章将介绍部分常用的标准控件及其使用方法,包括文本框、标签、命令按钮、计时器、单选按钮、复选框、框架、滚动条、列表框、组合框、图片框和图像框等。

## 7.1 文本框和标签

文本框和标签属于文本控件。在文本框中,既能显示又能编辑文本;在标签中,只能显示而不能编辑文本。

### 7.1.1 文本框

在窗体中,文本框占据一定的屏幕区域,是一个文本编辑区,用于接收用户输入的信息或显示系统提供的文本信息。可以在设计阶段或运行期间在文本框中输入、编辑、修改和显示文本,类似于一个简单的文本编辑器。在 Windows 环境中,几乎所有的输入动作都是利用文本框来完成的。文本框控件在窗体中的外观和属性窗口如图 7-1 所示。

图 7-1 文本框控件外观和属性图

1. 属性

文本框控件的属性如表 7-1 所示。

**表 7-1　文本框控件的属性**

| | | |
|---|---|---|
| 基本属性 | Enabled | 决定对象运行时是否有效。True:运行时有效;False:运行时无效 |
| | Font | 设置与字体有关的所有内容,包括 FontName、FontSize、FontBold、FontItalic、FontUnderline 等 |
| | BackColor | 设置背景色 |
| | ForeColor | 设置前景色 |
| | Height、Left、Top、Width | 标示文本框控件在容器上显示的位置及尺寸 |
| | Alignment | 标示对齐方式。0-Left Justify:左对齐;1-Right Justify:右对齐;2-Center:居中对齐 |
| 特有属性 | Locked | False:表示可以编辑,默认值为 False;True:文本框控件相当于标签控件的作用,不能被编辑 |
| | MaxLength | 设置文本框中允许输入的正文内容的最大长度,默认为 0,输入的字符数不超过 32000 |
| | MultiLine | True:可使用多行文本;False:只能输入单行文字 |
| | ScrollBars | 0-None:无滚动条;1-Horizontal:水平滚动条;2-Vertical:垂直滚动条;3-Both:水平和垂直滚动条 |
| | PasswordChar | 口令输入。在默认状态下,该属性被设置为空字符串 |
| | Text | 存放在文本框中显示的正文的内容 |
| | SelLength | 当前选中的字符数 |
| | SelStart | 当前选择的文本的起始位置 |
| | SelText | 当前所选择的文本字符串 |

## 2.常用事件

文本框可识别多个事件,其中常用事件有 Change、KeyPress 和 LostFocus,其他事件有 GotFocus、KeyDown、KeyUp、MouseDown、MouseUp 和 MouseMove 等。

（1）Change 事件

当用户向文本框中输入新信息,或当程序把 Text 属性设置为新值从而改变其 Text 属性时,将触发 Change 事件。程序运行后,在文本框中每输入一个字符,就会引发一次 Change 事件。

（2）KeyPress 事件

当用户按下并释放键盘上的一个按键时,就会引发焦点所在控件的 KeyPress 事件,此事件会返回一个 KeyAscii 参数到该事件过程中。KeyPress 事件同 Change 事件一样,每输入一个字符就会引发一次该事件。KeyPress 事件中最常用的是对键入的是否为回车符（KeyAscii 的值为 13）的判断,回车符表示文本的输入结束。

（3）LostFocus 事件

当光标离开当前文本框或者用鼠标选择窗体中的其他对象时,触发 LostFocus 事件。用 Change 事件和 LostFocus 事件过程都可以检查文本框的 Text 属性值,但后者更有效。

### 3.常用方法

（1）Refresh

用于刷新文本框的内容。

（2）SetFocus

SetFocus 是文本框中常用的方法。

格式：

**[对象.]SetFocus**

功能：该方法可以把光标移到指定的文本框中，当在窗体上建立了多个文本框后，可以用该方法把光标置于所需要的文本框中。

### 4.实例：利用文本框实现加法运算

（1）控件选择

1 个 Label 控件：Label1；3 个文本框控件：Text1、Text2、Text3；1 个命令按钮控件：Command1；1 个直线控件：Line1。

（2）控件属性设置

文本框实例控件属性设置如表 7-2 所示。

表 7-2　文本框实例控件及其属性

| 控件 | 名称 | 属性 | 属性值 |
| --- | --- | --- | --- |
| 标签 | Label1 | Caption | ＋ |
| 命令按钮 | Command1 | Caption | 等于 |
| 文本框 | Text1 | Text | （清空） |
| | | Alignment | 1-Right Justify |
| | | FontSize | 四号 |
| | Text2 | Text | （清空） |
| | | Alignment | 1-Right Justify |
| | | FontSize | 四号 |
| | Text3 | Text | （清空） |
| | | Alignment | 1-Right Justify |
| | | FontSize | 四号 |

（3）布局及运行结果

控件布局如图 7-2 所示，运行结果如图 7-3 所示。

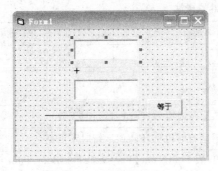
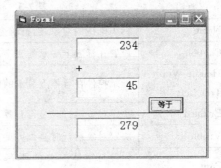

图 7-2 控件布局图      图 7-3 运行结果图

（4）代码编写

编写命令按钮 Command1 的 Click 事件：

```
Private Sub Command1_Click()
    Text3.Text = Val(Text1.Text) + Val(Text2.Text)
End Sub
```

## 7.1.2 标签

标签控件的功能是显示字符串，通常显示的是说明性的文本信息，如输出标题、显示处理结果和标识窗体上的对象等。标签控件在窗体中的外观和属性窗口如图 7-4 所示。

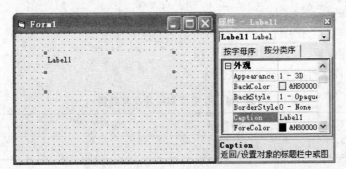

图 7-4 标签控件外观和属性图

标签控件不允许用户编辑所显示的文本内容，但可以在运行时用代码更改。使用标签控件的情况很多，常常把标签用作标题，来提示和说明没有标题的控件。例如，可以用标签控件为文本框、列表框、组合框等控件添加描述标题等。标签一般不用于触发事件。

1. 属性

标签控件的属性如表 7-3 所示。

表 7-3　标签控件的属性

| | | |
|---|---|---|
| 基本属性 | Name | 标识唯一的对象,运行时为只读 |
| | Caption | 设置在标签上显示的文字 |
| | Height、Width、Top、Left | 标示控件在容器上显示的位置及尺寸 |
| | Enabled | 决定对象运行时是否有效。True:运行时有效;False:运行时无效 |
| | Visible | 决定对象运行时是否可见。True:运行时可见;False:运行时不可见 |
| | Font | 设置与字体有关的所有内容,包括 FontName、FontSize、FontBold、FontItalic、FontUnderline 等 |
| | Alignment | 标示对齐方式。0-Left Justify:左对齐;1-Right Justify:右对齐;2-Center:居中对齐 |
| | AutoSize | False:控件大小固定;True:控件大小根据标签内容动态改变 |
| | Appearance | 设置对象绘图风格,运行时值不可改变。0-Flat:绘制平面效果;1-3D:绘制三维效果 |
| 特有属性 | WordWrap | 拆行显示文本。True:标签垂直方向变化大小;False:标签水平方向变化大小。须将 AutoSize 属性设置为 True 时该属性才起作用 |
| | BackStyle | 设置背景风格。0-Transparent:透明显示,标签为透明;1-Opaque:不透明,标签将覆盖背景。默认值为1 |

**2.常用事件**

标签的常用事件有 Change、Click、DblClick。

**3.实例:显示用户单击或双击行为**

(1)控件选择

1 个 Label 控件:Label1。

(2)控件属性设置

标签实例控件属性设置如表 7-4 所示。

表 7-4　标签实例控件及其属性

| 控件 | 名称 | 属性 | 属性值 |
|---|---|---|---|
| 标签 | Label1 | Caption | 单击或双击 |

(3)布局及运行结果

控件布局如图 7-5 所示,运行结果如图 7-6 所示。

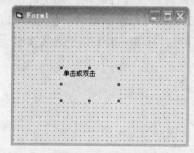

图 7-5　控件布局图

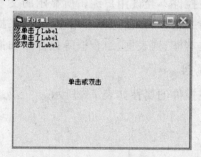

图 7-6　运行结果图

(4)代码编写

编写标签控件 Label1 的 Click 事件：

```
Private Sub Label1_Click()
    Print ("您单击了 Label")
End Sub
```

编写标签控件 Label1 的 DbClick 事件：

```
Private Sub Label1_DblClick()
    Print ("您双击了 Label")
End Sub
```

# 7.2　图片框和图像框

为了在应用程序中应用图形效果，VB 提供了 4 种与图形有关的标准控件：图片框、图像框、直线和形状。本节主要介绍图片框和图像框控件的属性及使用方法。有关直线和形状控件可参见第 9 章。

图片框和图像框是 VB 中用来显示图形的两种基本控件，用于在窗体的指定位置显示图形信息。图片框比图像框更灵活，且适用于动态环境。而图像框适用于静态情况，即不需要再修改的位图、图表、Windows 图元文件及其他格式的图形文件。

## 7.2.1　图片框

图片框控件的主要作用是在窗体的指定位置为用户显示图片，也可作为其他控件的容器、显示 Print 方法输出的文本或显示图形方法输出的图形。实际显示的图片由 Picture 属性决定。图片框控件在窗体中的外观和属性窗口如图 7-7 所示。

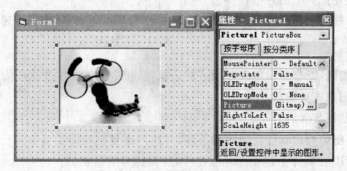

图 7-7　图片框控件外观和属性图

## 1. 属性

图片框控件的属性如表 7-5 所示。

表 7-5　图片框控件的属性

| | | |
|---|---|---|
| 基本属性 | Name | 标识唯一的对象,运行时为只读 |
| | Height、Width、Top、Left | 标示控件在容器上显示的位置及尺寸 |
| | Enabled | 决定对象运行时是否有效。True:运行时有效;False:运行时无效 |
| | Visible | 决定对象运行时是否可见。True:运行时可见;False:运行时不可见 |
| | Font | 设置与字体有关的所有内容,包括 FontName、FontSize、FontBold、FontItalic、FontUnderline 等 |
| 特有属性 | Picture | 可通过属性窗口进行设置,也可以在程序中进行设置。VB 6.0 支持位图文件、图标文件、JPEG 及 GIF 压缩位图文件 |
| | AutoSize | True:图片框控件自动调整自身的大小以容纳整个图像;False:控件大小固定 |

## 2. 图片框控件的特点

图片框控件可以作为容器使用,把控件添加到图片框控件中的方法与把控件添加到窗体中的方法相同。

图片框控件的最大特点是:它的表现更像一个窗体对象,它具有许多与窗体对象相似的属性和方法。窗体的所有显示文本和图像的方法、绘图方法以及与之相关的属性在图片框控件中都有通用的方法和属性。图片框控件有自己的坐标系统,也可以重新定义坐标系统。

## 3. 图形文件的装入

图形文件的装入有两种方法:一种是在设计阶段装入,另一种是在运行期间装入。

在设计阶段装入图形文件又可分为用属性窗口中的 Picture 属性装入和剪贴板装入。在程序运行期间,则可通过 LoadPicture 函数装入。

(1)用属性窗口中的 Picture 属性装入

①在窗体上建立一个图片框控件。

②保持图片框为激活的控件,在属性窗口中找到 Picture 属性,单击该属性条,其右侧出现 ... 按钮。

③单击 ... 按钮,屏幕显示"加载图片"对话框,从相应文件夹中找出所需加载的图片,单击"打开"按钮,图片即被加载。

(2)利用剪贴板装入

①用绘图或图像处理软件完成图形处理,并将图形复制到剪贴板中。

②切换到 VB,在窗体上建立图片框控件,并保持为激活状态。

③执行"粘贴"命令,即完成图片加载。

(3)程序运行期间通过 LoadPicture 函数装入

格式:

　　　　对象. Picture＝LoadPicture("PictureName")

例如：

装入图片：

　　　Picture1. Picture＝LoadPicture("C:\Documents and Settings\My Pictures. gif")

卸载图片：

　　　Picture1. Picture＝LoadPicture()

复制图片：

　　　Picture1. Picture＝LoadPicture("C:\Documents and Settings\My Pictures. gif")
　　　Picture2. Picture＝Picture1. Picture

### 4. 图形文件的保存

格式：

**SavePicture Picture, Stringexpression**

说明：

①Picture：图片框对象或其他对象的 Picture 属性。

②Stringexpression：文件名。

### 5. 常用事件

图片框可以响应 Click 和 DblClick 事件。

### 6. 常用方法

图片框中常使用 Cls 方法和 Print 方法。

### 7. 实例：在图片框中装载和复制图片

（1）控件选择

2 个标签控件：Label1、Label2；2 个图片框控件：Picture1、Picture2；3 个命令按钮控件：Command1、Command2、Command3。

（2）控件属性设置

图片框实例控件属性设置如表 7-6 所示。

表 7-6　图片框实例控件及其属性

| 控件 | 名称 | 属性 | 属性值 |
|---|---|---|---|
| 标签 | Label1 | Caption | 源图片 |
| | Label2 | Caption | 复制图片 |
| 命令按钮 | Command1 | Caption | 装载图片 |
| | Command2 | Caption | 复制图片 |
| | Command3 | Caption | 清除图片 |

（3）布局及运行结果

控件布局如图 7-8 所示，运行结果如图 7-9 所示。

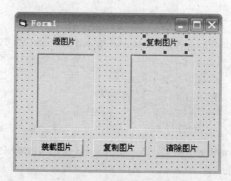

图 7-8　控件布局图

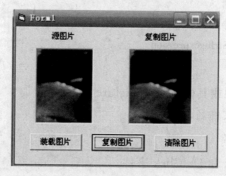

图 7-9　运行结果图

（4）代码编写

编写命令按钮 Command1 的 Click 事件：

```
Private Sub Command1_Click()
    Picture1. Picture = LoadPicture("C:\Documents and Settings\My Pictures\Water lilies. jpg")
End Sub
```

编写命令按钮 Command2 的 Click 事件：

```
Private Sub Command2_Click()
    Picture2. Picture = Picture1. Picture
End Sub
```

编写命令按钮 Command3 的 Click 事件：

```
Private Sub Command3_Click()
    Picture1. Picture = LoadPicture("")
    Picture2. Picture = LoadPicture("")
End Sub
```

### 7.2.2　图像框

图像框控件是一个简单易用的、显示图像文件的控件。图像框控件使用的系统资源较少而且显示速度较快,它可以自动调整自己的大小以适应图像大小,或者伸缩图像的大小使图像适合图像框控件的大小。图像框控件在窗体中的外观和属性窗口如图 7-10 所示。

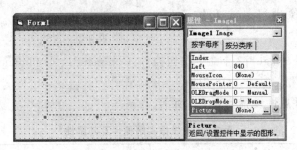

图 7-10　图像框控件外观和属性图

#### 1.属性

图像框控件的属性如表 7-7 所示。

表 7-7　图像框控件的属性

| | | |
|---|---|---|
| 基本属性 | Name | 标识唯一的对象,运行时为只读 |
| | Height、Width、Top、Left | 标示控件在容器上显示的位置及尺寸 |
| | Enabled | 决定对象运行时是否有效。True:运行时有效;False:运行时无效 |
| | Visible | 决定对象运行时是否可见。True:运行时可见;False:运行时不可见 |
| | Font | 设置与字体有关的所有内容,包括 FontName、FontSize、FontBold、FontItalic、FontUnderline 等 |
| 特有属性 | Picture | 可通过属性窗口进行设置,也可以在程序中进行设置。VB 6.0 支持位图文件、图标文件、JPEG 及 GIF 压缩位图文件 |
| | Stretch | 自动调整图像框中图像内容的大小。False:图像框自动改变大小以适应其中的图像;True:图像自动调整尺寸以适应图像框的大小 |

说明:

①图像框控件没有 AutoSize 属性。

②图像框控件装入图像文件的方法和使用图像的文件格式与图片框控件相同。

#### 2.常用事件

图像框可以响应 Click 和 DblClick 事件。

#### 3.图片框与图像框的区别

①图片框是容器控件,可以作为父控件,而图像框不能作为父控件。也就是说,在图片框中,可以包含其他控件,作为他的子控件。如果移动图片框,则图片框中的控件也随着一

起移动,并且与图片框的相对位置保持不变;当图片框的大小改变时,这些子控件的图片控制的相对位置保持不变,图片框内的子控件也不能移到图片框外。

②图片框可以通过 Print 方法接收文本,并可接收由像素组成的图形,而图像框不能接收用 Print 方法输入的信息,也不能用绘图方法在图像框上绘制图形。

③图像框比图片框占用内存少,显示速度快。

④图像框可以进行图像缩放。

4. 实例:对图像进行放大和缩小

(1)控件选择

1 个图像框控件 Image1;3 个命令按钮控件:Command1、Command2、Command3。

(2)控件属性设置

图像框实例控件属性设置如表 7-8 所示。

表 7-8　图像框实例控件及其属性

| 控件 | 名称 | 属性 | 属性值 |
|---|---|---|---|
| 图像框 | Image1 | Stretch | True |
| 命令按钮 | Command1 | Caption | 放大 |
| | Command2 | Caption | 原文件 |
| | Command3 | Caption | 缩小 |

(3)布局及运行结果

控件布局如图 7-11 所示,运行结果如图 7-12 所示。

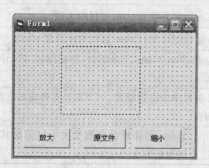
图 7-11　控件布局图

图 7-12　运行结果图

(4)代码编写

编写命令按钮 Command1 的 Click 事件:

```
Private Sub Command1_Click()
    Image1. Stretch = False
End Sub
```

编写命令按钮 Command2 的 Click 事件:

```
Private Sub Command2_Click()
```

```
        Image1. Width = 3000
        Image1. Height = 3000
        Image1. Stretch = True
    End Sub
```

编写命令按钮 Command3 的 Click 事件：

```
Private Sub Command3_Click()
        Image1. Width = 1000
        Image1. Height = 1000
        Image1. Stretch = True
        End Sub
```

编写窗体 Form1 的 Load 事件：

```
Private Sub Form_Load()
        Image1. Picture = LoadPicture("C:\Documents and Settings\My Pictures\Water lilies. jpg")
    End Sub
```

# 7.3 命令按钮、单选按钮和复选框

命令按钮、单选按钮和复选框 3 个控件具有一定的相似性，都具有命令触发的作用，但其形状及用途却各异。

## 7.3.1 命令按钮

命令按钮通常用来在它的单击事件中完成一种特定的程序功能。尽管其他控件的单击事件也可以完成同样的操作，但使用命令按钮已经成为 Windows 应用程序的风格。熟悉 Windows 的人都知道，单击命令按钮就会完成程序提供的一个功能，因此，向用户提供的服务功能通常都以命令按钮的形式出现在用户界面中。命令按钮控件在窗体中的外观和属性窗口如图 7-13 所示。

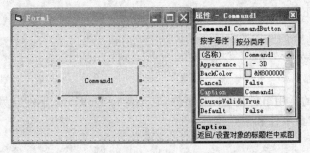

图 7-13 命令按钮控件外观及属性图

### 1. 属性

命令按钮控件的属性如表 7-9 所示。

表 7-9　命令按钮控件的属性

| | | |
|---|---|---|
| 基本属性 | Name | 标识唯一的对象，运行时为只读 |
| | Caption | 设置在命令按钮上显示的文字 |
| | Height、Width、Top、Left | 标示命令按钮控件在容器上显示的位置及尺寸 |
| | Enabled | 决定对象运行时是否有效。True：运行时有效；False：运行时无效 |
| | Visible | 决定对象运行时是否可见。True：运行时可见；False：运行时不可见 |
| | Font | 设置与字体有关的所有内容，包括 FontName、FontSize、FontBold、FontItalic、FontUnderline 等 |
| 特有属性 | Style | 0-Standard：只显示标题；1-Graphical：同时显示文本及图形 |
| | Picture | 为命令按钮指定图形，此时 Style 值应为 1 |
| | DownPicture | 被单击并处于按下状态时，控件显示图形 |
| | DisabledPicture | 设置对图形的引用，命令按钮禁止使用时显示图形 |
| | MaskColor | 设置命令按钮图像的颜色为透明 |
| | Default | True：无论焦点在窗体的任何控件上，按 Enter 键，则触发命令按钮单击事件。一个窗体中有且仅有一个命令按钮的 Default 值为 True，其他自动设为 False |
| | Cancel | True：无论焦点在窗体的任何控件上，按 Esc 键，则触发命令按钮单击事件。一个窗体中有且仅有一个命令按钮的 Cancel 值为 True，其他自动设为 False |
| | ToolTipText | 工具提醒功能 |

### 2. 常用方法

（1）Move 方法

格式：

对象.Move Left, Top, Width, Height

功能：用于移动控件。

说明：

①Left、Top：指对象移动到的坐标位置。

②Width、Height：指对象移动后新的宽度和高度。

（2）SetFocus 方法

功能：用于将焦点移动到命令按钮上。

### 3. 常用事件

命令按钮控件的常用事件为 Click 事件，它不支持 DblClick 事件。另外，命令按钮控件还支持鼠标事件、键盘事件和焦点事件。

（1）鼠标事件

①MouseDown：按下鼠标按键时触发。

②MouseUp：释放鼠标按键时触发。

③MouseMove：鼠标指针在对象上移动时触发。

（2）键盘事件

①KeyDown：键盘按下时触发。

②KeyPress：单击键盘时触发。

③KeyUp：松开键盘时触发。

（3）焦点事件

①GotFocus：对象获得焦点时触发。

②LostFocus：对象失去焦点时触发，主要用来对更新进行验证和确认。

### 4．实例 1：抓不到的蝴蝶

（1）控件选择

1 个命令按钮控件：Command1。

（2）控件属性设置

命令按钮实例 1 控件属性设置如表 7-10 所示。

表 7-10　命令按钮实例 1 控件及其属性

| 控件 | 名称 | 属性 | 属性值 |
|---|---|---|---|
| 命令按钮 | Command1 | Caption | Catch me！ |
| | | Style | 1-Graphical |
| | | Picture | C：\Program Files\Microsoft Office\OFFICE11\MSN. ico |

（3）布局及运行结果

控件布局如图 7-14 所示，运行结果如图 7-15 所示。

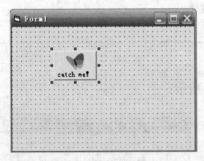
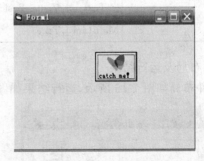

图 7-14　控件布局图　　　　　　图 7-15　运行结果图

（4）代码编写

编写命令按钮 Command1 的 MouseMove 事件：

```
Private Sub Command1_MouseMove(Button As Integer, Shift As Integer, X As Single, Y As Single)
    Command1. Left = Rnd * (Form1. ScaleWidth - Command1. Width)
    Command1. Top = Rnd * (Form1. ScaleHeight - Command1. Height)
End Sub
```

说明：

为确保命令按钮在窗体的可见范围内移动,这里用到窗体的内部坐标尺寸 ScaleWidth 和 ScaleHeight 属性。

5.实例 2:实现简单的写字板功能

(1)控件选择

3 个命令按钮控件:Command1、Command2、Command3;1 个文本框控件:Text1。

(2)控件属性设置

命令按钮实例 2 控件属性设置如表 7-11 所示。

表 7-11　命令按钮实例 2 控件及其属性

| 控件 | 名称 | 属性 | 属性值 |
|---|---|---|---|
| 命令按钮 | Command1 | Caption | 复制 |
| | | Style | 1-Graphical |
| | | Picture | C:\Documents and Settings\Administrator\My Documents\My Pictures\copy.bmp |
| | Command2 | Caption | 剪切 |
| | | Style | 1-Graphical |
| | | Picture | C:\Documents and Settings\Administrator\My Documents\My Pictures\cut.bmp |
| | Command3 | Caption | 粘贴 |
| | | Style | 1-Graphical |
| | | Picture | C:\Documents and Settings\Administrator\My Documents\My Pictures\paste.bmp |
| 文本框 | Text1 | Text | Visual Basic 程序设计 |
| | | MultiLine | True |

(3)布局及运行结果

控件布局如图 7-16 所示,运行结果如图 7-17 所示。

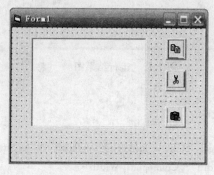

图 7-16　控件布局图

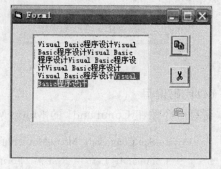

图 7-17　运行结果图

（4）代码编写

定义通用变量：

```
Dim st As String
```

编写命令按钮 Command1 的 Click 事件：

```
Private Sub Command1_Click()
    st = Text1. SelText
    Command1. Enabled = False
    Command2. Enabled = False
    Command3. Enabled = True
End Sub
```

编写命令按钮 Command2 的 Click 事件：

```
Private Sub Command2_Click()
    st = Text1. SelText
    Text1. SelText = ""
    Command1. Enabled = False
    Command2. Enabled = False
    Command3. Enabled = True
End Sub
```

编写命令按钮 Command3 的 Click 事件：

```
Private Sub Command3_Click()
    Text1. SelText = st
End Sub
```

编写窗体 Form1 的 Load 事件：

```
Private Sub Form_Load()
    Command1. Enabled = False
    Command2. Enabled = False
    Command3. Enabled = False
End Sub
```

编写文本框 Text1 的 Click 事件：

```
Private Sub Text1_Click()
    If Text1. Text <> "" Then
        Command1. Enabled = True
        Command2. Enabled = True
        Command3. Enabled = False
    Else
        Command1. Enabled = False
        Command2. Enabled = False
```

```
            Command3. Enabled = True
        End If
    End Sub
```

### 7.3.2　单选按钮

在应用程序中,有时需要用户做出选择,这些选择有的很简单,有的则比较复杂。为此,VB 提供了几种用于选择的标准控件,包括单选按钮、复选框、列表框和组合框。

单选按钮必须有两个以上,从而组成一个单选按钮组,用户在一组单选按钮中只能选择一项;复选框列出可供用户选择的多个选项,用户根据需要可选择一项或多项。

单选按钮控件在窗体中的外观及属性窗口如图 7-18 所示。

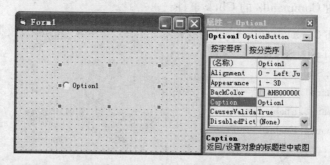

图 7-18　单选按钮控件外观及属性图

#### 1.属性

单选按钮控件的属性如表 7-12 所示。

表 7-12　单选按钮控件的属性

| | Name | 标识唯一的对象,运行时为只读 |
|---|---|---|
| 基本属性 | Caption | 设置在单选按钮上显示的文字 |
| | Height、Width、Top、Left | 标示控件在容器上显示的位置及尺寸 |
| | Enabled | 决定对象运行时是否有效。True:运行时有效;False:运行时无效 |
| | Visible | 决定对象运行时是否可见。True:运行时可见;False:运行时不可见 |
| | Font | 设置与字体有关的所有内容,包括 FontName、FontSize、FontBold、FontItalic、FontUnderline 等 |
| | Picture | 为单选按钮指定图形,此时 Style 值应为 1 |
| 特有属性 | Value | 表示单选按钮状态。True:单选按钮被选定;False:单选按钮未被选定,缺省设置 |
| | Alignment | 设置标题的对齐方式。0-Left Justify:控件钮在左边,标题显示在右边,缺省设置;1-Right Justify:控件钮在右边,标题显示在左边 |
| | Style | 指定单选按钮的显示方式,改善视觉效果。0-Standard:标准方式;1-Graphical:图形方式 |

**2. 常用事件**

单选按钮控件可以接收 Click 事件,但一般不需要编写 Click 事件过程。因为当用户单击单选按钮时,它们自动改变状况。

**3. 实例:利用单选按钮对文本框中的字体进行控制**

(1)控件选择

1 个文本框控件:Text1;3 个单选按钮控件:Option1、Option2、Option3。

(2)控件属性设置

单选按钮实例的控件及其属性如表 7-13 所示。

表 7-13　单选按钮实例控件及其属性

| 控件 | 名称 | 属性 | 属性值 |
|------|------|------|--------|
| 文本框 | Text1 | Text | 欢迎学习 |
|  |  | Alignment | 2-Center |
| 单选按钮 | Option1 | Caption | Visual Basic |
|  | Option2 | Caption | PhotoShop |
|  | Option3 | Caption | Flash |

(3)布局及运行结果

控件布局如图 7-19 所示,运行结果如图 7-20 所示。

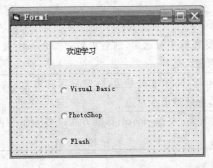
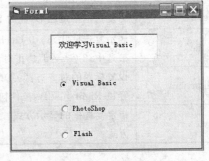

<table>
<tr><td align="center">图 7-19　控件布局图</td><td align="center">图 7-20　运行结果图</td></tr>
</table>

(4)代码编写

编写单选按钮 Option1 的 Click 事件:

```
Private Sub Option1_Click()
    Text1. Text = "欢迎学习 Visaul Basic"
End Sub
```

编写单选按钮 Option2 的 Click 事件:

```
Private Sub Option2_Click()
    Text1. Text = "欢迎学习 PhotoShop"
```

```
        End Sub
```

编写单选按钮 Option3 的 Click 事件：

```
    Private Sub Option3_Click()
        Text1.Text = "欢迎学习 Flash"
    End Sub
```

### 7.3.3　复选框

**1.属性**

复选框控件的属性如表 7-14 所示。

表 7-14　复选框控件的属性

| | Name | 标识唯一的对象,运行时为只读 |
|---|---|---|
| 基本属性 | Caption | 设置在复选框上显示的文字 |
| | Height、Width、Top、Left | 标示控件在容器上显示的位置及尺寸 |
| | Enabled | 决定对象运行时是否有效。True:运行时有效;False:运行时无效 |
| | Visible | 决定对象运行时是否可见。True:运行时可见;False:运行时不可见 |
| | Font | 设置与字体有关的所有内容,包括 FontName、FontSize、FontBold、FontItalic、FontUnderline 等 |
| | Picture | 为复选框指定图形,此时 Style 值应为 1 |
| 特有属性 | Value | 表示复选框状态。0-Unchecked:复选框未被选定,缺省设置;1-Checked:复选框被选中;2-Grayed:禁止对该复选框进行选择 |
| | Alignment | 设置标题的对齐方式。0-Left Justify:控件钮在左边,标题显示在右边,缺省设置;1-Right Justify:控件钮在右边,标题显示在左边 |
| | Style | 指定复选框的显示方式,改善视觉效果。0-Standard:标准方式;1-Graphical:图形方式 |

**2.常用事件**

复选框可以接收 Click 事件

**3.实例:利用复选框对文本框中的文字属性进行设置**

(1)控件选择

1 个文本框控件:Text1;4 个复选框控件:Check1、Check2、Check3、Check4。

(2)控件属性设置

复选框实例的控件及其属性设置如表 7-15 所示。

表 7-15　复选框实例控件及其属性

| 控件 | 名称 | 属性 | 属性值 |
|---|---|---|---|
| 文本框 | Text1 | Text | 程序设计 |
| | | Alignment | 2-Center |
| | | FontSize | 小三 |
| 复选框 | Check1 | Caption | 粗体 |
| | Check2 | Caption | 斜体 |
| | Check3 | Caption | 下划线 |
| | Check4 | Caption | 华文彩云 |

(3)布局及运行结果

控件布局如图 7-21 所示,运行结果如图 7-22 所示。

 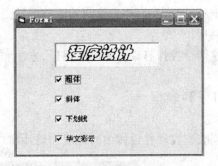

图 7-21　控件布局图　　　　　　　图 7-22　运行结果图

(4)代码编写

编写复选框 Check1 的 Click 事件：

```
Private Sub Check1_Click()
    Text1. FontBold = Check1. Value
End Sub
```

编写复选框 Check2 的 Click 事件：

```
Private Sub Check2_Click()
    Text1. FontItalic = Check2. Value
End Sub
```

编写复选框 Check3 的 Click 事件：

```
Private Sub Check3_Click()
    Text1. FontUnderline = Check3. Value
End Sub
```

编写复选框 Check4 的 Click 事件：

```
Private Sub Check4_Click()
    Text1.Font = "华文彩云"
End Sub
```

# 7.4 列表框和组合框

列表框控件显示项目列表,用户通常可以从中选择选项,达到与程序对话的目的。如果有较多的选项,超出所画的区域而不能一次全部显示时,VB 会自动加上滚动条。

组合框控件将文本框控件和列表框控件的特性结合在一起,既可以在控件的文本框部分输入信息,也可以在控件的列表框部分选择选项。

在设计列表框控件时,在窗体上绘制的黑框区域便是控件的实际大小和位置。在设计组合框控件时,在窗体上绘制的下拉区域是控件的下拉列表框的大小和位置,其本身只占一行的高度。

这两个控件有许多共同的属性、方法和事件。

## 7.4.1 列表框

列表框控件在窗体中的外观和属性窗口如图 7-23 所示。

图 7-23 列表框控件外观及属性图

### 1.属性

列表框控件的属性如表 7-16 所示。

表 7-16 列表框控件的属性

| 基本属性 | Name | 标识唯一的对象,运行时为只读 |
|---|---|---|
| | Height、Width、Top、Left | 标示控件在容器上显示的位置及尺寸 |
| | Enabled | 决定对象运行时是否有效。True:运行时有效;False:运行时无效 |
| | Visible | 决定对象运行时是否可见。True:运行时可见;False:运行时不可见 |

| | | |
|---|---|---|
| 特有属性 | List | 一个字符数组,存放列表框的选项。可以在设计阶段设置,也可以通过 List 属性向列表框中添加选项 |
| | ListIndex | 执行时选中的选项序号。如果未选中任何项,则 ListIndex 的值为−1。该属性在程序运行时设置或引用 |
| | ListCount | 表示列表框中选项的数量。ListCount−1 表示列表中最后一项的序号。该属性在程序运行时设置或引用 |
| | Selected | 逻辑数组,表示对应的选项在程序运行期间是否被选中。该属性在程序运行时设置或引用 |
| | Sorted | 决定列表框中选项在程序运行期间是否按字母排列显示。True:按字母顺序排列显示;False:按加入的先后顺序排列显示。该属性只在设计阶段设置 |
| | Text | 被选中选项的文本内容,该属性在程序运行时设置或引用 |
| | MultiSelect | 设置一次可以选择的选项数。0-None:只能选择一项;1-Simple:简单多项选择;2-Extended:扩展多项选择 |
| | Style | 确定控件的外观,只能在设计时确定。0-Standard:标准形式;1-Checkbox:复选框形式 |
| | Columns | 确定列表框的列数。0:列表框单列显示;1:多列显示;大于 1:单行多列显示 |

**2．常用事件**

列表框控件接收 Click 和 DblClick 事件,但有时不用编写 Click 事件过程代码,而是当单击一个命令按钮或发生 DblClick 事件时,读取 Text 属性。

**3．常用方法**

列表框中的选项,可以在设计阶段通过 List 属性设置,也可以在程序中用 AddItem 方法添加,用 RemoveItem 方法或 Click 方法删除选项。

(1)AddItem 方法

格式:

　　　　**列表框.AddItem** 项目字符串［,索引值］

功能:AddItem 方法把项目字符串的文本放到列表框中。

说明:

可以用索引值指定文本插入在列表框中的位置,如果省略了索引值,则文本被放在列表框的尾部。表中的选项从 0 开始计数,索引值不能大于表中项数 ListCount 减 1。该方法只能单个地向表中添加选项。

(2)RemoveItem 方法

格式:

　　　　**列表框.RemoveItem** ＜索引值＞

功能:该方法用来删除列表框中指定的选项。

说明:

RemoveItem 方法从列表框中删除以索引值为地址的选项,该方法每次只删除一个选项。

（3）Clear 方法

格式：

　　列表框.Clear

功能：该方法用来删除列表框中的全部内容。

说明：

执行了 Clear 方法后，ListCount 重新被设置为 0。

4. 实例：课程选择器

（1）控件选择

2 个列表框控件：List1、List2；4 个命令按钮控件：Command1、Command2、Command3、Command4。

（2）控件属性设置

列表框实例控件及其属性设置如表 7-17 所示。

表 7-17　列表框实例控件及其属性

| 控件 | 名称 | 属性 | 属性值 |
| --- | --- | --- | --- |
| 命令按钮 | Command1 | Caption | 添加>> |
| | Command2 | Caption | <<移除 |
| | Command3 | Caption | 全部添加>> |
| | Command4 | Caption | <<全部移除 |

（3）布局及运行结果

控件布局如图 7-24 所示，运行结果如图 7-25 所示。

图 7-24　控件布局图

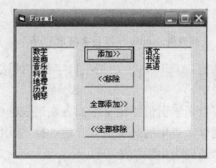

图 7-25　运行结果图

（4）代码编写

编写命令按钮 Command1 的 Click 事件：

```
Private Sub Command1_Click()
    If List1. ListIndex >= 0   Then
        List2. AddItem List1. Text
```

```
        List1. RemoveItem List1. ListIndex
    End If
End Sub
```

编写命令按钮 Command2 的 Click 事件：

```
Private Sub Command2_Click()
    If List2. ListIndex >= 0 Then
        List1. AddItem List2. Text
        List2. RemoveItem List2. ListIndex
    End If
End Sub
```

编写命令按钮 Command3 的 Click 事件：

```
Private Sub Command3_Click()
    Do While List1. ListCount
        List2. AddItem List1. List(0)
        List1. RemoveItem 0
    Loop
End Sub
```

编写命令按钮 Command4 的 Click 事件：

```
Private Sub Command4_Click()
    Do While List2. ListCount
        List1. AddItem List2. List(0)
        List2. RemoveItem 0
    Loop
End Sub
```

编写窗体 Form1 的 Load 事件：

```
Private Sub Form_Load()
    List1. AddItem "数学"
    List1. AddItem "语文"
    List1. AddItem "英语"
    List1. AddItem "绘画"
    List1. AddItem "音乐"
    List1. AddItem "书法"
    List1. AddItem "钢琴"
    List1. AddItem "科普"
    List1. AddItem "地理"
    List1. AddItem "历史"
End Sub
```

### 7.4.2　组合框

组合框控件是由列表框和文本框组成的控件,具有列表框和文本框的功能,并具有文本框和列表框的大部分属性。它可以像列表框一样,让用户通过鼠标选择所需要的选项,也可以像文本框那样,用输入的方法选择选项。组合框控件在窗体中的外观和属性窗口如图7-26所示。

图 7-26　组合框控件外观及属性图

#### 1.属性

组合框控件的属性如表 7-18 所示。

表 7-18　组合框控件的属性

| | Name | 标识唯一的对象,运行时为只读 |
|---|---|---|
| 基本属性 | Height、Width、Top、Left | 标示控件在容器上显示的位置及尺寸 |
| | Enabled | 决定对象运行时是否有效。True:运行时有效;False:运行时无效 |
| | Visible | 决定对象运行时是否可见。True:运行时可见;False:运行时不可见 |
| 特有属性 | List | 一个字符数组,存放列表的选项。可以在设计阶段设置,也可以通过 List 属性向列表中添加选项 |
| | ListIndex | 执行时选中的选项序号。如果未选中任何项,则 ListIndex 的值为一1。该属性在程序运行时设置或引用 |
| | ListCount | 表示列表中选项的数量。ListCount一1 表示列表中最后一项的序号。该属性在程序运行时设置或引用 |
| | Selected | 逻辑数组,表示对应的选项在程序运行期间是否被选中。该属性在程序运行时设置或引用 |
| | Sorted | 决定列表中选项在程序运行期间是否按字母排列显示。True:按字母顺序排列显示;False:按加入的先后顺序排列显示。该属性只在设计阶段设置 |
| | Text | 被选中选项的文本内容,该属性在程序运行时设置或引用 |
| | MultiSelect | 设置一次可以选择的选项数。0-None:只能选择一项;1-Simple:简单多项选择;2-Extended:扩展多项选择 |
| | Style | 确定控件的外观,只能在设计阶段确定。0-Dropdown Combo:下拉式组合框;1-Simple Combo:简单组合框;2-Dropdown List:下拉式列表框 |

　　组合框有 3 种不同的样式:下拉式组合框、简单组合框、下拉式列表框。其中,下拉式组合框、简单组合框可输入内容,但必须通过 AddItem 方法输入。

　　组合框的风格是由 Style 属性值决定的。设置组合框的 Style 属性可以选用组合框的 3 种样式之一:Style 属性为"0"时,是下拉式组合框,默认状态;Style 属性为"1"时,是简单组合框;Style 属性为"2"时,是下拉式列表框。

　　(1)下拉式组合框

　　显示在屏幕上的仅是文本编辑器和一个下拉按钮。执行时,用户可像在文本框中一样直接输入文本,也可单击组合框右侧的下拉按钮,打开列表项供用户选择。选定某个选项后,此选项将被显示在组合框顶端的文本框中。下拉式组合框允许用户输入不属于列表内的选项。当用户再用鼠标单击下拉按钮时,下拉出来的列表项就会消失,仅显示文本框。这种风格能节省窗体上的空间,因为列表部分在用户选择一个选项时将关闭。

　　(2)简单组合框

　　列出所有的选项供用户选择,右边没有下拉按钮,列表框不能收起和下拉,而是与文本编辑器一起显示在屏幕上。用户可在文本框中直接输入列表项中没有的选项,也可以从列表中选择。

　　(3)下拉式列表框

　　与下拉式组合框相似,区别是用户不能输入列表项中没有的选项,只能在列表中选择。

　　组合框拥有列表框和文本框的大部分属性,组合框也有 SelLength、SelStart 和 SelText 这 3 个文本框才有的属性,还有 Locked 属性和 Change 事件等。

　　2. 常用事件

　　组合框相应的事件依赖于其 Style 属性。

　　①简单组合框(Style 属性值为"1"),接收 DblClick 事件。

　　②下拉式组合框(Style 属性值为"0")与下拉式列表框(Style 属性值为"2"),可接收 Click 事件和 DropDown 事件。

　　③下拉式组合框和简单组合框,可以在文本框输入文本,当输入文本时,可以接收 Change 事件。

　　④当用户单击组合框右侧的下拉按钮时,将触发 DropDown 事件,该事件实际上对应下拉按钮的 Click 事件。

　　在一般情况下,用户选择项目之后,只需要读取组合框的 Text 属性。

　　3. 常用方法

　　组合框也具有 AddItem、RemoveItem 和 Clear 方法。

　　4. 实例:个人信息编辑器

　　(1)控件选择

　　4 个标签控件:Label1、Label2、Label3、Label4;2 个文本框控件:Text1、Text2;2 个框架:Frame1、Frame2;4 个单选按钮控件:Option1、Option2、Option3、Option4;2 个组合框控件 Combo1、Combo2;2 个命令按钮控件:Command1、Command2。

（2）控件属性设置

组合框实例的控件及其属性设置如表 7-19 所示。

表 7-19　组合框实例控件及其属性

| 控件 | 名称 | 属性 | 属性值 |
|---|---|---|---|
| 命令按钮 | Command1 | Caption | 确定 |
| | Command2 | Caption | 关闭 |
| 标签 | Label1 | Caption | 姓名： |
| | Label2 | Caption | 年龄： |
| | Label3 | Caption | 职称 |
| | Label4 | Caption | 学历 |
| 框架 | Frame1 | Caption | 性别 |
| | Frame2 | Caption | 婚否 |
| 单选按钮 | Option1 | Caption | 男 |
| | Option2 | Caption | 女 |
| | Option3 | Caption | 已婚 |
| | Option4 | Caption | 未婚 |
| 文本框 | Text1 | Text | （清空） |
| | Text2 | Text | （清空） |

（3）布局及运行结果

控件布局如图 7-27 所示，运行结果如图 7-28 所示。

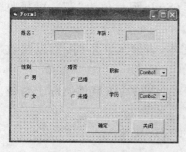

图 7-27　控件布局图

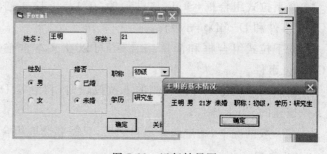

图 7-28　运行结果图

（4）代码编写

编写命令按钮 Command1 的 Click 事件：

```
Private Sub Command1_Click()
    p1 = Text1. Text & " "
    p2 = IIf(Option1. Value,"男","女") & " "
    p3 = Text2. Text & "岁" & " "
    p4 = IIf(Option3. Value,"已婚","未婚") & " "
```

```
        p5 = "职称:" & Combo1.Text & ","
        p6 = "学历:" & Combo2.Text
        p = p1 & p2 & p3 & p4 & p5 & p6
        MsgBox p，Text1.Text & "的基本情况"
    End Sub
```

**编写命令按钮 Command2 的 Click 事件:**

```
    Private Sub Command2_Click()
        Unload Me
    End Sub
```

**编写窗体 Form1 的 Load 事件:**

```
    Private Sub Form_Load()
        Combo1.AddItem "正高"
        Combo1.AddItem "副高"
        Combo1.AddItem "中级"
        Combo1.AddItem "初级"
        Combo1.AddItem "无职称"
        Combo1.Text = Combo1.List(0)
        Combo2.AddItem "研究生"
        Combo2.AddItem "大学"
        Combo2.AddItem "大专"
        Combo2.AddItem "高中"
        Combo2.AddItem "初中"
        Combo2.Text = Combo2.List(0)
    End Sub
```

**编写窗体 Form1 的 Activate 事件:**

```
    Private Sub Form_Activate()
        Text1.SetFocus
    End Sub
```

**编写文本框 Text1 的 KeyPress 事件:**

```
    Private Sub Text1_KeyPress(KeyAscii As Integer)
        If KeyAscii = 13 Then
            Text2.SetFocus
        End If
    End Sub
```

# 7.5  计时器

计时器控件的作用是定时产生一个时钟(Timer)事件,利用这个事件可以定期地做一些程序处理。用户可以自行设置每个计时器的时间间隔(Interval)。计时器控件在窗体中的外观和属性窗口如图 7-29 所示。

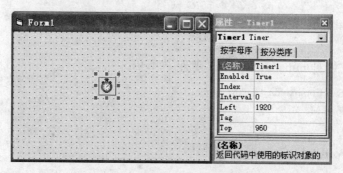

图 7-29　计时器控件外观及属性图

时间间隔指的是 Timer 事件发生的时间周期,它以毫秒(ms)为单位。在大多数的计算机中,计时器每秒最多可产生 18 个事件,即两个事件之间的间隔为 56/1000s。也就是说,时间间隔的准确度不会超过 1/18s。

**1. 属性**

计时器控件的属性如表 7-20 所示。

表 7-20　计时器控件的属性

| 基本属性 | Name | 标识唯一的对象,运行时为只读 |
|---|---|---|
| | Enabled | 决定对象运行时是否有效。True:运行时有效;False:运行时无效 |
| 特有属性 | Interval | 设置 Timer 事件之间的间隔,以 ms 为单位,其取值范围为 0~65536 ms,最大的时间间隔不能超过 65s |

**2. 常用事件**

计时器控件的主要事件是 Timer 事件,控件预定的时间间隔过去之后重复发生,该间隔频率为 Interval 属性值。使用计时器控件的操作步骤如下:

①设置计时器控件的 Interval 属性值,这个属性决定了产生 Timer 事件的时间间隔,该属性的单位是 ms。例如,把 Interval 属性设置为"500",则计时器将间隔 0.5s 产生一次 Timer 事件。

②编写响应计时器的 Timer 事件的事件过程,即在事件过程中编写需要定时执行的代码,完成各种定时任务。

③通过设置计时器控件的 Enabled 属性为"True"或"False"来打开或关闭 Timer 事件的产生。

**3. 实例:利用计时器显示左右移动的文字**

(1)控件选择

1 个计时器控件:Timer1;1 个标签控件:Label1。

（2）控件属性设置

计时器实例的控件及其属性设置如表7-21所示。

表7-21 计时器实例控件及其属性

| 控件 | 名称 | 属性 | 设置值 |
| --- | --- | --- | --- |
| 标签 | Label1 | Caption | Visual Basic 程序设计 |
| 计时器 | Timer1 | Interval | 100 |

（3）布局及运行结果

控件布局如图7-30所示，运行结果如图7-31所示。

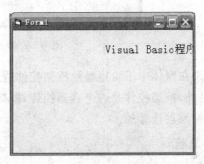

图7-30 控件布局图      图7-31 运行结果图

（4）代码编写

编写计时器Timer1的Timer事件：

```
Private Sub Timer1_Timer()
    If Label1. Left + Label1. Width > 0 Then
        Label1. Left = Label1. Left - 100
    Else
        Label1. Left = Form1. Width          'Label 从窗体右侧出现
    End If
End Sub
```

# 7.6 框架和滚动条

## 7.6.1 框架

单选按钮的一个特点是在若干单选按钮中，只能选定其中的一个。当需要在同一窗体中建立几组相互独立的单选按钮时，就需要用到框架。用框架将每一组单选按钮框起来，这样在各个框架中的单选按钮组彼此独立,它们的操作不影响框架外其他组的单选按钮。另外,对于其他类型的控件用框架框起来,可提供视觉上的区分和总体的激活或屏蔽特性。框架控件在窗体中的外观和属性窗口如图 7-32 所示。

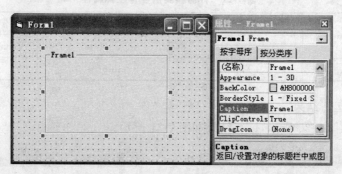

图 7-32  框架控件外观及属性图

如果在窗体中不希望显示框架控件的边框,可以把框架控件的 BorderStyle 属性设置为"0"。另外,框架控件是一个容器控件,框架中控件的 Left 和 Top 属性是以框架控件的左上角为坐标原点计算的。

### 1.属性

框架控件的属性如表 7-22 所示。

表 7-22  框架控件的属性

| 基本属性 | Name | 标识唯一的对象,运行时为只读 |
| | Height、Width、Top、Left | 标示控件在容器上显示的位置及尺寸 |
| | Enabled | 决定对象运行时是否有效。True:运行时有效;False:运行时无效 |
| 特有属性 | Caption | Caption 属性值设定框架上的标题名称。如果 Caption 为空字符,则框架为封闭的矩形框 |
| | Visible | 若将框架的 Visible 属性设为 False,则在程序执行期间,框架及其所有控件全部被隐藏起来。也就是说,对框架的操作也是对其内部控件的操作 |
| | ToolTipText | 返回或设置一个工具提示 |

### 2.常用事件

框架可以响应 Click 和 DblClick 事件,但是,在应用程序中通常不需要编写有关框架的事件过程。

### 3.实例:利用命令按钮实现框架属性的改变

(1)控件选择

1 个框架控件:Frame1;2 个命令按钮控件:Command1、Command2。

(2)控件属性设置

框架实例的控件及其属性设置如表 7-23 所示。

表 7-23　框架实例控件及其属性

| 控件 | 名称 | 属性 | 设置值 |
| --- | --- | --- | --- |
| 命令按钮 | Command1 | Caption | 更改框架标题为"VB 程序设计" |
| | Command2 | Caption | 更改框架为不可用 |
| 框架 | Frame1 | Caption | 一个框架的例子 |

（3）布局及运行结果

控件布局如图 7-33 所示，运行结果如图 7-34 所示。

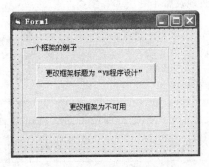

图 7-33　控件布局图　　　　　　图 7-34　运行结果图

（4）代码编写

编写命令按钮 Command1 的 Click 事件：

```
Private Sub Command1_Click()
    Frame1. Caption = "VB 程序设计"
End Sub
```

编写命令按钮 Command2 的 Click 事件：

```
Private Sub Command2_Click()
    Frame1. Enabled = False
End Sub
```

## 7.6.2　滚动条

滚动条通常用来附在窗体上，协助观察数据或确定位置，也可以用来作为数据输入工具。滚动条有水平滚动条（HScrollBar）和垂直滚动条（VScrollBar）两种，其默认名称分别为 HScrollX 和 VScrollX（X 为 $1,2,3\cdots$）。可以通过工具箱中的水平滚动条和垂直滚动条工具来建立。滚动条控件在窗体中的外观和属性窗口如图 7-35 所示。

在使用滚动条前要先设置它的 Min 属性和 Max 属性，为滚动条指定最小和最大取值范围。水平滚动条的滑块在最左端为最小值 Min，由左往右移动时，其值随之递增，在最右端为最大值 Max。垂直滚动条的滑块在最上端为最小值 Min，在最下端为最大值 Max。

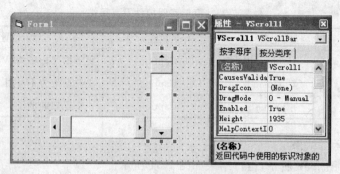

图 7-35　滚动条控件外观及属性图

## 1. 属性

滚动条控件的属性如表 7-24 所示。

表 7-24　滚动条控件的属性

| 基本属性 | Name | 标识唯一的对象,运行时为只读 |
| --- | --- | --- |
| | Height、Width、Top、Left | 标示控件在容器上显示的位置及尺寸 |
| | Enabled | 决定对象运行时是否有效。True:运行时有效;False:运行时无效 |
| | Visible | 决定对象运行时是否可见。True:运行时可见;False:运行时不可见 |
| 特有属性 | Max | 当滑块处于滚动条最大位置时所代表的值,取值范围:-32768-32767 |
| | Min | 当滑块处于滚动条最小位置时所代表的值,取值范围:-32768-32767 |
| | SmallChange | 当用户单击滚动条两端箭头时,滑块移动的增量值 |
| | LargeChange | 当用户单击滚动条的空白处时,滑块移动的增量值 |
| | Value | 滚动条内滑块所处位置所代表的值 |

## 2. 常用事件

滚动条具有 Scroll 事件和 Change 事件。当拖动滑块时,会触发 Scroll 事件,而当改变 Value 属性(滚动条内滑块位置)时,会触发 Change 事件。

在程序中,通过响应 Scroll 事件和 Change 事件完成其他控件的滚动控制工作。在事件过程中,用滚动条的 Value 属性获得滑块在滚动条中的位置,根据这个位置决定其他控件中显示的内容应该滚动到什么位置。

## 3. 实例:用滚动条控制的小型平均值计算器

(1)控件选择

2 个框架控件:Frame1、Frame2;2 个文本框控件:Text1、Text2;1 个水平滚动条控件:HScroll1;1 个垂直滚动条控件:VScroll1;1 个标签控件:Label1;1 个命令按钮控件:Command1。

(2)控件属性设置

滚动条实例的控件及其属性设置如表 7-25 所示。

表 7-25　滚动条实例控件及其属性

| 控件 | 名称 | 属性 | 属性值 |
| --- | --- | --- | --- |
| 框架 | Frame1 | Caption | 第 1 个数是 |
| | Frame2 | Caption | 第 2 个数是 |
| 文本框 | Text1 | Text | （清空） |
| | Text2 | Text | （清空） |
| 标签 | Label1 | Caption | （清空） |
| 命令按钮 | Command1 | Caption | 计算 |
| 水平滚动条 | HScroll1 | （所有属性） | （默认值） |
| 垂直滚动条 | VScroll1 | （所有属性） | （默认值） |

（3）布局及运行结果

控件布局如图 7-36 所示，运行结果如图 7-37 所示。

图 7-36　控件布局图

图 7-37　运行结果图

（4）代码编写

编写命令按钮 Command1 的 Click 事件：

```
Private Sub Command1_Click ()
    x = Val (Text1. Text)
    y = Val (Text2. Text)
    s = x + y
    v = s / 2
    Label1. Caption = "两个数的和是：" & s & Chr(13) & "他们的平均值是：" & v
End Sub
```

编写窗体 Form1 的 Load 事件：

```
Private Sub Form_Load()
    HScroll1. Max = 100
    HScroll1. Min = 0
```

```
        HScroll1. LargeChange = 2
        HScroll1. SmallChange = 1
        VScroll1. Max = 100
        VScroll1. Min = 0
        VScroll1. LargeChange = 2
        VScroll1. SmallChange = 1
    End Sub
```

编写水平滚动条 HScroll1 的 Change 事件：

```
    Private Sub HScroll1_Change ()
        Text1. Text = HScroll1. Value
    End Sub
```

编写垂直滚动条 VScroll1 的 Change 事件：

```
    Private Sub VScroll1_Change ()
        Text2. Text = VScroll1. Value
    End Sub
```

编写文本框 Text1 的 Change 事件：

```
    Private Sub Text1_Change()
        HScroll1. Value＝Text1. Text
    End Sub
```

编写文本框 Text2 的 Change 事件：

```
    Private Sub Text2_Change()
        VScroll1. Value＝Text2. Text
    End Sub
```

# 7.7　Tab 顺序

　　当窗体上有多个控件时，用鼠标单击某个控件，就可把光标移到该控件中（有时不可见）。当然，也可用 Tab 键将光标移到控件上，使其成为当前活动控件。每按一次 Tab 键，可以使光标从一个控件移到另一个控件。光标在各个控件之间移动的顺序叫作 Tab 顺序。

　　在一般情况下，Tab 顺序由控件建立时的先后顺序确定。例如，假定在窗体上建立了 5 个控件，其中 3 个文本框、2 个命令按钮，是按如下顺序建立的：

```
    Text1
    Text2
    Text3
    Command1
```

Command2

则在执行时,光标首先位于 Text1 中。每按一次 Tab 键,光标就按上述顺序下移一个控件。当光标位于 Command2 上时,再按 Tab 键,光标又重新回到 Text1 上。

除了计时器、菜单、框架、标签等控件外,其他控件都支持 Tab 顺序。但 Disable(禁止)和 Invisible(不可见)属性可以使 Tab 顺序不起作用。

大多数控件都有一个称为"TabStop"的属性,用它可以控制光标的移动。该属性的默认值为"True",如果将其设置为"False",则在用 Tab 移动光标时会跳过该控件。

在设计阶段,可以通过属性窗口中的 TabIndex 属性来改变 Tab 顺序。例如,在前面的例子中,如果把各控件的 TabIndex 属性按如表 7-26 所示进行修改,则 Tab 顺序变为 Command2→Text1→Text2→Text3→Command1。

表 7-26　TabIndex 属性的改变

| 控件 | 原来的 TabIndex | 改变后的 TabIndex |
|---|---|---|
| Text1 | 0 | 1 |
| Text2 | 1 | 2 |
| Text3 | 2 | 3 |
| Command1 | 3 | 4 |
| Command2 | 4 | 0 |

也可以在运行时改变 Tab 的顺序,例如:

Command2. TabIndex=0

在 Windows 及其他一些应用软件中,通过 Alt 键和某个特定的字母,可以把光标移动到指定的位置。在 VB 中,通过把"&"加在标题前面可以实现这一功能。我们用下面的例子来说明这一点。

假定在窗体上建立如表 7-27 所示的 6 个控件。

表 7-27　实例控件及其属性

| 建立顺序 | 控件 | 名称(Name) | 标题(Caption) | 文本(Text) |
|---|---|---|---|---|
| 1 | 左上标签 | Label1 | &Access1 | (无定义) |
| 2 | 左上文本框 | Text1 | (无定义) | (清空) |
| 3 | 右上标签 | Label2 | &Basic | (无定义) |
| 4 | 右上文本框 | Text2 | (无定义) | (清空) |
| 5 | 中下标签 | Label3 | &Command | (无定义) |
| 6 | 中下文本框 | Text3 | (无定义) | (清空) |

在建立上面的控件时,对于每个标签的 Caption 属性,输入时必须在其前面加上一个"&",如"&Basic"。"&"只在属性窗口内出现,不会在窗体的标签控件上显示出来,但它使得该标签的标题的第 1 个字母下面有一条下划线。

运行程序后,通过按 Alt 和 A 键(Alt+A)就可以把光标移到文本框 Text1 上。类似地,用 Alt+B 和 Alt+C 可以分别把光标移到文本框 Text2 和 Text3 上。

# 7.8　综合实例

创建一个小型的 VB 常用控件演示系统。

1. 创建主窗体

(1)控件选择

6 个命令按钮控件:Button、Text、Option、Check、Image、Exit。

(2)控件属性设置

主窗体的控件及其属性设置如表 7-28 所示。

表 7-28　综合实例主窗体控件及其属性

| 控件 | 名称 | 属性 | 属性值 |
|---|---|---|---|
| 命令按钮 | Button | Caption | 按钮演示 |
| | Text | Caption | 文本框演示 |
| | Option | Caption | 单选按钮演示 |
| | Check | Caption | 复选框演示 |
| | Image | Caption | 图像框演示 |
| | Exit | Caption | 退出 |
| 窗体 | Form1 | Picture | C:\Program Files\11. bmp |

(3)控件布局

控件布局如图 7-38 所示。

图 7-38　控件布局图

(4)主窗体代码编写

编写命令按钮 Button 的 Click 事件:

```
Private Sub Button_Click()
    ButtonShow. Show
```

```
        End Sub
```

编写命令按钮 Text 的 Click 事件：

```
    Private Sub Text_Click()
        TextShow. Show
    End Sub
```

编写命令按钮 Option 的 Click 事件：

```
    Private Sub Option_Click()
        OptionShow. Show
    End Sub
```

编写命令按钮 Check 的 Click 事件：

```
    Private Sub Check_Click()
        CheckShow. Show
    End Sub
```

编写命令按钮 Image 的 Click 事件：

```
    Private Sub Image_Click()
        ImageShow. Show
    End Sub
```

编写命令按钮 Exit 的 Click 事件：

```
    Private Sub Exit_Click()
        Unload Me
        End
    End Sub
```

## 2. 创建命令按钮演示窗体

在工程中创建一个新窗体 ButtonShow。

(1)控件选择

2 个命令按钮控件：Show、Exit；1 个标签控件：Label1；1 个框架控件：Frame1。

(2)控件属性设置

ButtonShow 窗体的控件及其属性如表 7-29 所示。

表 7-29　综合实例 ButtonShow 窗体控件及其属性

| 控件 | 名称 | 属性 | 属性值 |
| --- | --- | --- | --- |
| 命令按钮 | Show | Caption | 显示欢迎词 |
| | Exit | Caption | 退出 |
| 标签 | Label1 | Caption | 欢迎学习 VB 程序设计 |
| 框架 | Frame1 | Caption | 命令按钮演示 |

(3)布局及运行结果

控件布局如图 7-39 所示，运行结果如图 7-40 所示。

 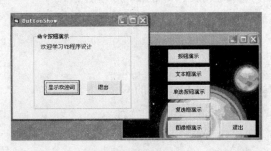

图 7-39　控件布局图　　　　　　　　　　图 7-40　　运行结果图

(4)命令按钮演示窗体代码编写

编写窗体 ButtonShow 的 Load 事件：

```
Private Sub Form_Load()
    Label1. Visible = False
End Sub
```

编写命令按钮 Show 的 Click 事件：

```
Private Sub Show_Click()
    Label1. Visible = True
End Sub
```

编写命令按钮 Exit 的 Click 事件：

```
Private Sub Exit_Click()
    Unload Me
End Sub
```

### 3.创建文本框演示窗体

在工程中创建一个新窗体 TextShow。

(1)控件选择

2 个文本框控件：Text1、Text2；2 个命令按钮控件：Copy、Exit；1 个框架控件：Frame1；2 个标签控件：Label1、Label2。

(2)控件属性设置

TextShow 窗体的控件及其属性设置如表 7-30 所示。

表 7-30　综合实例 TextShow 窗体控件及其属性

| 控件 | 名称 | 属性 | 属性值 |
|------|------|------|--------|
| 命令按钮 | Copy | Caption | 复制文字到新文本框 |
|  | Exit | Caption | 退出 |

续表

| 控件 | 名称 | 属性 | 属性值 |
|------|------|------|--------|
| 标签 | Label1 | Caption | 请输入文字 |
|      | Label2 | Caption | 复制的文字 |
| 框架 | Frame1 | Caption | 文本框演示 |
| 文本框 | Text1 | Text | (清空) |
|        | Text2 | Text | (清空) |

（3）布局及运行结果

控件布局如图 7-41 所示，运行结果如图 7-42 所示。

图 7-41 控件布局图

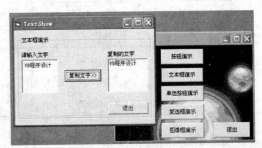

图 7-42 运行结果图

（4）代码编写

编写命令按钮 Copy 的 Click 事件：

```
Private Sub Copy_Click()
    Text2. Text = Text1. Text
End Sub
```

编写命令按钮 Exit 的 Click 事件：

```
Private Sub Exit_Click()
    Unload Me
End Sub
```

### 4. 创建单选按钮演示窗体

在工程中创建一个新窗体 OptionShow。

（1）控件选择

3 个框架控件：Frame1、Frame2、Frame3；3 个标签控件：Label1、Label2、Label3；5 个单选按钮控件：Option1、Option2、Option3、Option4、Option5；1 个命令按钮控件：Exit。

（2）控件属性

OptionShow 窗体的控件及其属性如表 7-31 所示。

**表 7-31　综合实例 OptionShow 窗体控件及其属性**

| 控件 | 名称 | 属性 | 属性值 |
|---|---|---|---|
| 框架 | Frame1 | Caption | 单选按钮演示 |
| | Frame2 | Caption | （清空） |
| | Frame3 | Caption | （清空） |
| 命令按钮 | Exit | Caption | 退出 |
| 标签 | Label1 | Caption | 请选择学校： |
| | Label2 | Caption | 请选择学院： |
| | Label3 | Caption | （清空） |
| 单选按钮 | Option1 | Caption | 本地高校 |
| | Option2 | Caption | 外地高校 |
| | Option3 | Caption | 计算机学院 |
| | Option4 | Caption | 外语学院 |
| | Option5 | Caption | 历史学院 |

（3）布局及运行结果

控件布局如图 7-43 所示，运行结果如图 7-44 所示。

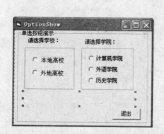

图 7-43　控件布局图

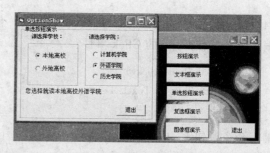

图 7-44　运行结果图

（4）代码编写

通用过程代码中的定义：

```
Dim School As String
Dim Department As String
Sub Display()
    Label3. Caption = "你选择就读于" & School & Department
End Sub
```

编写命令按钮 Exit 的 Click 事件：

```
Private Sub Exit_Click()
    Unload Me
End Sub
```

编写单选按钮 Option1 的 Click 事件：

```
Private Sub Option1_Click()
    School = "本地高校"
    Call Display
End Sub
```

编写单选按钮 Option2 的 Click 事件：

```
Private Sub Option2_Click()
    School = "外地高校"
    Call Display
End Sub
```

编写单选按钮 Option3 的 Click 事件：

```
Private Sub Option3_Click()
    Department = "计算机学院"
    Call Display
End Sub
```

编写单选按钮 Option4 的 Click 事件：

```
Private Sub Option4_Click()
    Department = "外语学院"
    Call Display
End Sub
```

编写单选按钮 Option5 的 Click 事件：

```
Private Sub Option5_Click()
    Department = "历史学院"
    Call Display
End Sub
```

5.创建复选框演示窗体

在工程中创建一个新窗体 CheckShow。

(1)控件选择

1 个框架控件：Frame1；3 个复选框控件：Check1、Check2、Check3；4 个图像框控件：Image1、Image2、Image3、Image4；1 个命令按钮控件：Exit。

(2)控件属性

CheckShow 窗体的控件及其属性设置如表 7-32 所示。

表 7-32　综合实例 CheckShow 窗体控件及其属性

| 控件 | 名称 | 属性 | 属性值 |
| --- | --- | --- | --- |
| 框架 | Frame1 | Caption | 复选框演示 |

续表

| 控件 | 名称 | 属性 | 属性值 |
|------|------|------|--------|
| 命令按钮 | Exit | Caption | 退出 |
| 图像框 | Image1 | Picture | C:\Program Files\21. bmp |
| | | Stretch | True |
| | Image2 | Picture | C:\Program Files\22. bmp |
| | | Stretch | True |
| | Image3 | Picture | C:\Program Files\23. bmp |
| | | Stretch | True |
| | Image4 | Picture | C:\Program Files\24. bmp |
| | | Stretch | True |
| 复选框 | Check1 | Caption | 衣服 |
| | Check2 | Caption | 裤子 |
| | Check3 | Caption | 帽子 |

(3)布局及运行结果

控件布局如图 7-45 所示,运行结果如图 7-46 所示。

图 7-45　控件布局图

图 7-46　运行结果图

(4)代码编写

编写窗体 CheckShow 的 Load 事件:

```
Private Sub Form_Load()
    Image1. Visible = False
    Image2. Visible = False
    Image3. Visible = False
End Sub
```

编写复选框 Check1 的 Click 事件:

```
Private Sub Check1_Click()
    Image1. Visible = Not (Image1. Visible)
End Sub
```

编写复选框 Check2 的 Click 事件：

```
Private Sub Check2_Click()
    Image2. Visible = Not (Image2. Visible)
End Sub
```

编写复选框 Check3 的 Click 事件：

```
Private Sub Check3_Click()
    Image3. Visible = Not (Image3. Visible)
End Sub
```

编写命令按钮 Exit 的 Click 事件：

```
Private Sub Exit_Click()
    Unload Me
End Sub
```

### 6.创建图像框演示窗体

在工程中创建一个新窗体 ImageShow。

(1)控件选择

3 个图像框控件：Image1、Image2、Image3；1 个形状控件：Shape1；1 个标签控件：Label1；1 个命令按钮控件：Exit。

(2)控件属性

ImageShow 窗体的控件及其属性设置如表 7-33 所示。

表 7-33　综合实例 ImageShow 窗体控件及其属性

| 控件 | 名称 | 属性 | 属性值 |
| --- | --- | --- | --- |
| 命令按钮 | Exit | Caption | 退出 |
| 标签 | Label1 | Caption | (清空) |
| 图像框 | Image1 | Stretch | True |
| | | Picture | C:\Program Files\31. bmp |
| | Image2 | Stretch | True |
| | | Picture | C:\Program Files\32. bmp |
| | Image3 | Stretch | True |
| | | Picture | C:\Program Files\33. bmp |
| 形状 | Shape1 | BorderColor | &H000000FF& |
| | | BorderWidth | 5 |

(3)布局及运行结果

控件布局如图 7-47 所示,运行结果如图 7-48 所示。

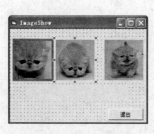

图 7-47　控件布局图　　　　　　　　图 7-48　运行结果图

(4)代码编写

编写窗体 ImageShow 的 Load 事件：

```
Private Sub Form_Load()
    Shape1. Left = -1500
End Sub
```

编写图像框 Image1 的 Click 事件：

```
Private Sub Image1_Click()
    Shape1. Left = Image1. Left
    Label1. Caption = "您现在欣赏的是第 1 幅图片"
End Sub
```

编写图像框 Image2 的 Click 事件：

```
Private Sub Image2_Click()
    Shape1. Left = Image2. Left
    Label1. Caption = "您现在欣赏的是第 2 幅图片"
End Sub
```

编写图像框 Image3 的 Click 事件：

```
Private Sub Image3_Click()
    Shape1. Left = Image3. Left
    Label1. Caption = "您现在欣赏的是第 3 幅图片"
End Sub
```

编写命令按钮 Exit 的 Click 事件：

```
Private Sub Exit_Click()
    Unload Me
End Sub
```

# 本章小结

控件在 VB 程序设计中扮演了重要的角色，它是 VB 可视化编程的基本部分。合理而恰当地使用各种不同的控件,以及熟练掌握各个控件的属性设置,是进行 VB 程序设计的基础。同时,控件应用的好坏还直接影响应用程序界面的美观性和使用者操作的方便性,它对整个程序设计的流程和运行效率的提高有着十分重要的意义。本章主要介绍了 VB 常用内部控件的属性、事件、方法及应用,并列举了生动具体的综合实例来帮助读者理解和掌握这些控件的使用方法。通过本章的学习,读者应该能够熟练掌握这些常用控件的基本属性、方法和事件,以提高程序设计效率。

# 第8章 菜单设计

菜单是应用程序的重要组成部分,是一个特殊的交互界面,它负责组织协调一个应用程序中所包含的各种程序功能模块。VB 提供了功能强大且方便快捷的菜单设计功能,本章将主要介绍 VB 的菜单设计与应用。

## 8.1 VB 中的菜单

菜单系统一般由菜单栏、菜单标题、下拉菜单以及子菜单组成,如图 8-1 所示。菜单标题代表了应用程序不同分类的功能,是菜单栏中的一个下拉菜单的名称。单击菜单标题可弹出下拉菜单,下拉菜单中的每一项称为菜单项或菜单命令。如果下拉菜单中的菜单项右边有一个黑色的指向右边的小三角形,则说明它有下一级菜单,称为子菜单。

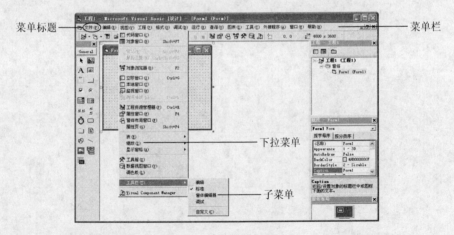

图 8-1 菜单系统的组成

在实际应用中,为了方便对菜单的操作,可以在菜单中定义快捷键或热键。热键通常是一个字符键,在菜单被激活的情况下,用户可以按菜单项的热键快速选择该菜单项。快捷键通常是 Ctrl 和另一个字符键组成的一个组合键,不管菜单是否被激活,用户都可以通过快捷键快速选择相应的菜单项。

菜单中的菜单项有可用和不可用两种状态,当菜单项呈灰色显示时,表示该菜单项不可用。在下拉菜单中的分隔线将相关菜单项分隔成组,增强了菜单的可读性。

在实际的应用中,VB 的菜单可分为两种基本类型:下拉式菜单和弹出式菜单。

# 8.2　菜单编辑器

VB 提供了设计菜单的工具——菜单编辑器。可以通过以下 4 种方式打开菜单编辑器。

①执行"工具"→"菜单编辑器"菜单命令。

②利用快捷键 Ctrl＋E。

③直接单击"标准"工具栏中的"菜单编辑器"按钮。

④在要建立菜单的窗体上单击鼠标右键,将弹出一个快捷菜单,如图 8-2 所示,在该快捷菜单中选择"菜单编辑器"命令。

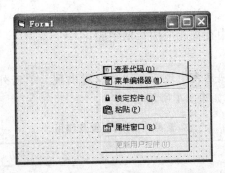

图 8-2　用快捷菜单打开菜单编辑器

**注意:**只有当某个窗体为活动窗体时,才能打开菜单编辑器。打开的"菜单编辑器"对话框如图 8-3 所示。

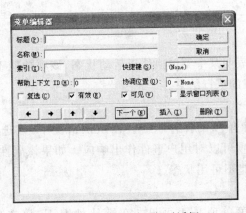

图 8-3　"菜单编辑器"对话框

"菜单编辑器"对话框分为 3 个部分,即属性区、编辑区和显示区。

## 1. 属性区

属性区位于"菜单编辑器"对话框的上半部,主要用于输入或修改某一菜单项的各种属性。其中各项的作用介绍如下。

（1）标题

用来输入所建立的菜单的名称和菜单中每个菜单项的标题。如果在该栏中输入一个减号（—），则表示在该菜单中加入一条分隔线。

（2）名称

用来输入菜单名及菜单中每个菜单项的控制名，它不在菜单中出现。菜单名和每个菜单项都是一个控件，都必须为其取一个控件名。

（3）索引

用来为用户建立的控件数组设计下标。

（4）快捷键

用来设置菜单项的快捷键。单击列表框右侧的下拉按钮，将下拉显示可供使用的快捷键，可选择输入与菜单项等价的快捷键。

（5）帮助上下文

用来设置在帮助文件中查找相应的帮助主题。

（6）协调位置

用来确定菜单或菜单项是否出现或在什么位置出现。单击列表框右侧的下拉按钮，将下拉显示 4 个选项，其作用如表 8-1 所示。

表 8-1　协调位置及作用

| 协调位置 | 作　用 |
| --- | --- |
| 0-None | 菜单项不显示 |
| 1-Left | 菜单项靠左显示 |
| 2-Middle | 菜单项居中显示 |
| 3-Right | 菜单项靠右显示 |

（7）复选

"复选"项被选中时，表明某个菜单项处于活动状态，该项功能不改变菜单项的作用，不影响事件过程对任何对象的执行结果。

（8）有效

"有效"项用来设置菜单项的操作状态。在默认情况下，该选项被选中时，属性值为"True"，表明相应的菜单项可以对用户事件作出响应。如果该属性值为"False"，则相应的菜单项呈灰色显示，表明是不可用状态。

（9）可见

"可见"项用来确定菜单项是否可见。在默认情况下，该选项被选中时，属性值为"True"，表明相应的菜单项可见。如果该属性值为"False"，则相应的菜单项暂时不显示在菜单上。

（10）显示窗口列表

显示窗口列表用于多文档应用程序，当该选项被选中时，将显示当前打开的一系列子窗口。

## 2. 编辑区

编辑区位于"菜单编辑器"对话框的中部,共有 7 个按钮,主要用来对输入的菜单项进行简单的编辑。

(1)➡按钮

用来产生内缩符号,确定菜单项的层次。每单击一次该按钮,产生 4 个点(....),将选定的菜单项下移一个等级。

(2)⬅按钮

用来取消内缩符号,确定菜单项的层次。每单击一次该按钮,取消 4 个点,将选定的菜单项上移一个等级。

(3)⬆按钮

用来在菜单项显示区中上移菜单项的位置。每单击一次该按钮,将选定的菜单项在同级菜单中上移一个位置。

(4)⬇按钮

用来在菜单项显示区中下移菜单项的位置。每单击一次该按钮,将选定的菜单项在同级菜单中下移一个位置。

(5)"下一个"按钮

开始一个新的菜单项,与 Enter 键作用相同。

(6)"插入"按钮

用来在当前选定的菜单项前面插入一个新的菜单项。

(7)"删除"按钮

用来删除当前选定的菜单项。

## 3. 显示区

显示区位于"菜单编辑器"对话框的下部,输入的菜单项在这里显示出来,并通过内缩符号(....)表明菜单项的层次。高亮度光条所在的菜单项为当前菜单项。

当所有的菜单项创建完毕后,单击"确定"按钮,将关闭"菜单编辑器"对话框,同时在窗体中创建了所设计的菜单;若单击"取消"按钮,则将关闭"菜单编辑器"对话框,同时取消所设计的菜单。

说明:

①内缩符号表明了菜单项所在的层次。一个内缩符号表示一层,最多可以有 5 个内缩符号,它后面的菜单项为第 6 层。

②只有菜单名没有菜单项的菜单称为"顶层菜单"。在输入这样的菜单项时,通常在后面加上一个感叹号(!)。

③除了分隔线外,所有的菜单项都可以响应 Click 事件。

④在输入菜单项时,如果在字母前面加上"&",则显示菜单时在该字母下加上一条下划线,可以通过 Alt 和该字母的组合键打开菜单或执行相应的菜单命令。

⑤菜单设计完成后,不能马上使用,只有为菜单编写了相应的事件过程代码之后才能使用。

# 8.3  下拉式菜单的设计

在下拉式菜单系统中，一般有一个主菜单，其中包含若干个菜单项，而每一个菜单项又可"下拉"出下一级菜单。如果存在多级子菜单，则可以逐级下拉，用一个个窗口的形式弹出在屏幕上。

下拉式菜单具有以下优点：

①整体感强，操作方便，界面友好、直观。

②具有导航功能，为用户在各个菜单的功能间导航。

③占用屏幕空间小，通常只占用屏幕最上面一行，在必要时才下拉出子菜单。

下面将通过例题详细地介绍下拉式菜单设计的基本方法和步骤。

**例 8.1**    在窗体上建立一个如图 8-4 所示的二级菜单，该菜单含有"计算"和"清除与退出"（名称分别为"vbCalc"和"vbCandQ"）两个主菜单。其中，"计算"菜单包括加、减、乘、除 4 个运算子菜单项（名称分别为 vbAdd、vbSub、vbMul、vbDiv）和 1 个分隔线子菜单项（名称为"vbComp"），将加、减运算和乘、除运算进行分组。"清除与退出"菜单包括"清除"和"退出"两个子菜单项（名称分别为"vbClear"和"vbQuit"）。

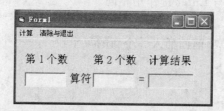

图 8-4   菜单设计举例

操作步骤如下：

（1）窗体界面的设计

启动 VB，根据图 8-4 的样式可以看出，共需要 8 个控件，其中包括 6 个标签控件和 2 个文本框控件，其属性设置如表 8-2 所示。

表 8-2   控件及其属性设置

| 控件 | 名称（Name） | 标题（Caption） | 文本（Text） | 边界（BorderStyle） |
|---|---|---|---|---|
| 标签 | Label1 | 第 1 个数 | （无定义） | （默认值） |
| | Label2 | 第 2 个数 | （无定义） | （默认值） |
| | Label3 | 计算结果 | （无定义） | （默认值） |
| | Suanfu | 算符 | （无定义） | （默认值） |
| | Label5 | = | （无定义） | （默认值） |
| | Result | （清空） | （无定义） | 1-Fixed Single |

续表

| 控件 | 名称(Name) | 标题(Caption) | 文本(Text) | 边界(BorderStyle) |
|---|---|---|---|---|
| 文本框 | Num1 | (无定义) | (清空) | (默认值) |
| | Num2 | (无定义) | (清空) | (默认值) |

除上述属性设置外,把各控件的字体设置为"宋体",大小设置为"四号"。设置方法是在属性窗口中选择 Font 属性,单击其右端的 ⋯ 按钮,在弹出的"字体"对话框中进行设置,如图 8-5 所示,单击"确定"按钮。设计完成后的窗体界面如图 8-6 所示。

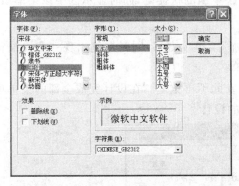

图 8-5 "字体"对话框

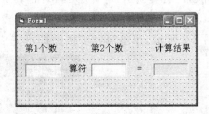

图 8-6 窗体界面布局图

(2)下拉式菜单的设计

如前所述,每个菜单项都可以接收 Click 事件,因此可以把菜单项看作是一个控件。对这种控件来说,在设计时应提供 3 种属性,即标题、名称和内缩符号。一个内缩符号表示一层子菜单,没有内缩符号表示主菜单项。本例中有两个主菜单项,"计算"主菜单项有 5 个子菜单项,其中一个为分隔符,将加、减运算和乘、除运算进行分组,而"清除与退出"主菜单项有两个子菜单项,这些菜单项的属性设置如表 8-3 所示。

表 8-3 菜单项的属性设置

| 分类 | 标题 | 名称 | 内缩符号 | 快捷键 |
|---|---|---|---|---|
| 主菜单项 1 | 计算 | vbCalc | 无 | 无 |
| 子菜单项 1 | 加 | vbAdd | 1 个 | Ctrl+A |
| 子菜单项 2 | 减 | vbSub | 1 个 | Ctrl+S |
| 子菜单项 3 | —— | vbComp | 1 个 | 无 |
| 子菜单项 4 | 乘 | vbMul | 1 个 | Ctrl+M |
| 子菜单项 5 | 除 | vbDiv | 1 个 | Ctrl+D |
| 主菜单项 2 | 清除与退出 | vbCandQ | 无 | 无 |
| 子菜单项 1 | 清除 | vbClear | 1 个 | Ctrl+C |
| 子菜单项 2 | 退出 | vbQuit | 1 个 | Ctrl+Q |

设计菜单的步骤如下：

①打开"菜单编辑器"对话框。

②在"标题"文本框中输入"计算"，在显示区中出现同样的标题名称。

③在"名称"文本框中输入"vbCalc"。

④单击编辑区中的"下一个"按钮，显示区中的条形光标下移，同时属性区的"标题"文本框和"名称"文本框被清空为空白，光标回到"标题"文本框中。

⑤在"标题"文本框中输入"加"，该信息同时在显示区中显示出来。

⑥在"名称"文本框中输入"vbAdd"，并单击"快捷键"右端的下拉按钮，在下拉出的各种可供选择的快捷键中选择"Ctrl＋A"作为"加"菜单项的快捷键，同时显示区中该菜单项右侧显示"Ctrl＋A"。

⑦在编辑区中单击➡按钮，显示区中的"加"菜单项右移，同时左侧出现一个内缩符号，表明"加"菜单项是"计算"菜单项的下一级菜单。

其他菜单项的建立步骤与以上步骤一样，在此不再重复。在设计完成全部的菜单项后，如图 8-7 所示，单击"确定"按钮即可完成菜单的设计。

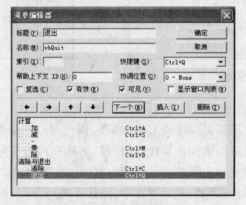

图 8-7　菜单设计效果图

执行"运行"→"启动"菜单命令运行菜单。单击某个主菜单项，即可显示所设计的下拉菜单，如图 8-8 所示。

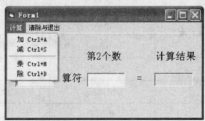

图 8-8　菜单运行效果图

（3）编写程序代码

除了分隔线外，每个菜单项都可以接收 Click 事件。每个菜单项都有一个名称，将这个名称与 Click 事件组合在一起，即可组成该菜单项的 Click 事件过程。也就是说，程序运行后，只要单击与名称相对应的菜单项，就可以执行事件过程中所定义的操作。

　　菜单的事件过程以菜单项区分,可以把每个菜单项看作是一个控件。想要实现各菜单项的功能,只要单击某个菜单项,即可打开如图 8-9 所示的代码窗口,在该窗口中编写菜单项的事件过程即可完成相应功能程序代码的编写。

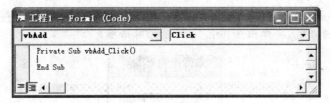

图 8-9　代码窗口

该程序在单击"计算"主菜单项中的各菜单项时,算符标签显示相应运算的算术运算符号。以下为各菜单项的程序代码。

"加"运算事件过程代码如下:

```
Private Sub vbAdd_Click()
    x = Val (Num1. Text) + Val (Num2. Text)
    Result. Caption = Str (x)
    Suanfu. Caption = " +"
End Sub
```

"减"运算事件过程代码如下:

```
Private Sub vbSub_Click()
    x = Val (Num1. Text) - Val (Num2. Text)
    Result. Caption = Str (x)
    Suanfu. Caption = " - "
End Sub
```

"乘"运算事件过程代码如下:

```
Private Sub vbMul_Click()
    x = Val (Num1. Text) * Val (Num2. Text)
    Result. Caption = Str (x)
    Suanfu. Caption = " *"
End Sub
```

"除"运算事件过程代码如下:

```
Private Sub vbDiv_Click()
    If Val(Num2. Text) = 0 Then                    '判断除数 Num2 是否为 0
        Err = MsgBox("除数不能为 0!", 48, "出错啦!")
        Result. Caption = ""
    Else
        x = Val(Num1. Text) / Val(Num2. Text)
        Result. Caption = Str(x)
```

```
            Suanfu. Caption = " /"
        End If
End Sub
```

　　**注意**：除法运算除数不能为 0，所以在执行除法运算之前，应首先对除数进行数据合法性检查。当除数为 0 时，将弹出如图 8-10 所示的对话框。

图 8-10　警告对话框

"清除"事件过程代码如下：

```
Private Sub vbClear_Click()
    Num1. Text = ""
    Num2. Text = ""
    Result. Caption = ""
    Suanfu. Caption = "算符"
    Num1. SetFocus                              '输入光标移到文本框 Num1
End Sub
```

"退出"事件过程代码如下：

```
Private Sub vbQuit_Click()
    End
End Sub
```

　　完成上述 6 个菜单项的事件过程代码编写以后，单击"运行"按钮即可运行程序。

# 8.4　弹出式菜单的设计

　　在 Windows 风格的应用程序中，当单击鼠标右键时，会弹出一个快捷菜单，即弹出式菜单。弹出式菜单是一种小型的菜单，它可以在窗体的任何地方显示出来，对程序事件作出响应。弹出式菜单与下拉式菜单的不同之处在于：下拉式菜单需要在窗口顶部通过鼠标下拉打开，而弹出式菜单是通过单击鼠标右键在窗口的任意位置打开。因此弹出式菜单使用方便，具有较大的灵活性。

　　设计弹出式菜单通常分两步进行。

　　①用菜单编辑器建立菜单，这一步与下拉式菜单的建立基本相同，唯一不同点在于必须把主菜单项（即菜单名）的"可见"属性设置为"False"，但是其他子菜单项的"可见"属性设置

为"True"。

②用 PopupMenu 方法激活菜单。其语法格式如下：

**[Object]. PopupMenu ＜菜单名＞[,Flags[,x[,y[,BoldCommand]]]]**

其中，Object 指窗体的名称(Name)，如果省略，则默认打开当前窗体的菜单。菜单名是在菜单编辑器中所设计的弹出式菜单的主菜单项名(Name)。Flags 参数是一个数值或符号常量，用来制定弹出式菜单的位置及行为，其取值分为两组：一组用于制定菜单的位置，如表 8-4 所示；而另一组用于定义特殊的菜单行为，如表 8-5 所示。x、y 与 Flags 参数配合使用，用来制定弹出式菜单在窗体上的显示位置，如果省略，则弹出式菜单在鼠标光标的当前位置显示。BoldCommand 用来在弹出式菜单中显示一个加粗效果，只能有一个菜单项具有加粗效果。

表 8-4　菜单位置常量

| 定位常量 | 值 | 说明 |
|---|---|---|
| vbPopupMenuLeftAlign | 0(默认) | 菜单的左上角位于坐标 x |
| vbPopupMenuCenterAlign | 4 | 菜单以坐标 x 为中心 |
| vbPopupMenuRightAlign | 8 | 菜单的右上角位于坐标 x |

表 8-5　菜单行为常量

| 行为常量 | 值 | 说明 |
|---|---|---|
| vbPopupMenuLeftButton | 0(默认) | 只能用鼠标左键触发菜单命令 |
| vbPopupMenuRightButton | 2 | 可用鼠标左、右键触发菜单命令 |

为了显示弹出式菜单，通常把 PopupMenu 方法放在 MouseDown 事件过程中，该事件响应所有的鼠标单击操作。一般情况下，弹出式菜单是在单击鼠标右键时弹出，所以通过设置 Button 变量来决定是否弹出菜单。

下面通过在例 8.1 中建立一个弹出式菜单来说明弹出式菜单的设计方法，该弹出式菜单包含下拉式菜单中的所有功能项。设计完成后的运行效果如图 8-11 所示。

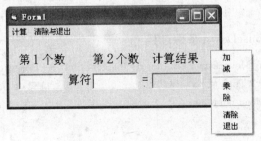

图 8-11　弹出式菜单效果图

操作步骤如下：

(1)属性设置

打开"菜单编辑器"对话框，在该对话框中设计弹出式菜单。各菜单项属性的设置如表

8-6 所示。

表 8-6　弹出式菜单的属性设置

| 标题 | 名称 | 内缩符号 | 可见性 |
| --- | --- | --- | --- |
| 快捷菜单 | popMenu | 无 | False |
| 加 | popAdd | 1个 | True |
| 减 | popSub | 1个 | True |
| — | popComp1 | 1个 | True |
| 乘 | popMul | 1个 | True |
| 除 | popDiv | 1个 | True |
| — | popComp2 | 1个 | True |
| 清除 | popClear | 1个 | True |
| 退出 | popQuit | 1个 | True |

**注意**：在上例中打开"菜单编辑器"对话框时，原来下拉式菜单的设计对话框依然存在，在设计弹出式菜单时直接在原"菜单编辑器"对话框下面继续设计，唯一不同是主菜单项的"可见"属性设置为"False"。设计完成后"菜单编辑器"对话框的效果如图 8-12 所示。在设计完弹出式菜单以后运行程序，这时候并不能看到刚才所设计的弹出式菜单。

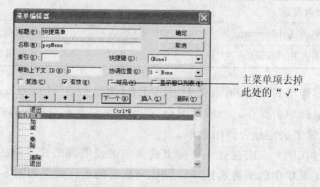

图 8-12　弹出式菜单设计效果图

（2）编写窗体的 MouseDown 事件过程

```
Private Sub Form_MouseDown (Button As Integer, Shift As Integer, X As Single, Y As Single)
    If Button = 2 Then
        PopupMenu popMenu
    End If
End Sub
```

MouseDown 事件过程带有多个参数。一般情况下，对于鼠标而言，鼠标左键的 Button 变量值为"1"，右键的 Button 变量值为"2"。因此，过程中的条件语句用来判断所按下的是否是鼠标右键，如果是则用 PopupMenu 方法弹出菜单。运行程序，然后在窗体内的任意位置单击鼠标右键都可弹出一个菜单，效果如图 8-11 所示。

（3）完成弹出式菜单的各子菜单项的事件过程代码编写

由于弹出式菜单的主菜单项的"可见"属性为"False"，不能在窗体顶部显示，因而子菜单项的代码编写不能像下拉式菜单那样通过双击子菜单项的方式进入代码窗口。必须先打开代码窗口，然后单击"对象"下拉列表框，下拉显示各子菜单项，如图 8-13 所示。

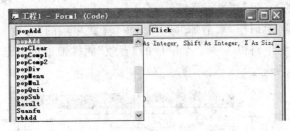

图 8-13　代码窗口

在其下拉列表中选择某个子菜单项，即可在显示的子菜单项的事件过程代码框架中编写事件代码。选取实例中的"加"子菜单项，其代码编写如下：

```
Private Sub popAdd_Click()                        ' 加法运算
    X = Val (Num1. Text) + Val (Num2. Text)
    Result. Caption = Str (X)
    Suanfu. Caption = " +"
End Sub
```

其他各子菜单项的事件过程代码编写方法与上面相同，其代码过程与下拉式菜单中相应的子菜单项相同，请读者自行完成。

# 8.5　菜单项的控制

在使用 Windows 或其他应用程序的菜单时，有些菜单项呈灰色，在单击这类菜单项时不能执行任何操作；有些菜单项前面有"√"等，这些都是用来对菜单项进行某些特殊的控制。这一节主要介绍如何在菜单中增加这些属性来实现对菜单项的特殊控制。

## 1. 有效性控制

菜单中某些菜单项能根据执行条件的不同进行动态变化，即当条件满足时可以执行菜单项，否则不能执行菜单项。例如，为了复制某一段文本，必须先选定这段文本，然后才能执行相应的复制命令。因此，在设计菜单时常常需要根据条件的不同设置某些菜单项的有效性。

菜单项的有效性是通过菜单项的"有效"属性来设置的。在设计菜单时将某一菜单项的"有效"属性设置为"False"，就可以使其失效，在运行后该菜单项会呈灰色显示，表明该菜单项是不可用状态。为了使一个失效的菜单项变成有效的，只要把它的"有效"属性设置为"True"即可。

下面通过在例 8.1 中进行修改,用来说明菜单项有效性控制的设计方法。在该例题中只有在文本框内输入运算数之后才能进行加、减、乘、除运算操作,没有输入运算数时,加、减、乘、除菜单项呈灰色显示,不能进行运算。

操作步骤如下:

(1)取消菜单项的"有效"属性设置

打开"菜单编辑器"对话框,取消加、减、乘、除 4 个菜单项的"有效"属性设置。其方法是在"菜单编辑器"对话框中将以上 4 个菜单项的"有效"属性前面的复选框中的"√"去掉,完成后的效果如图 8-14 所示。

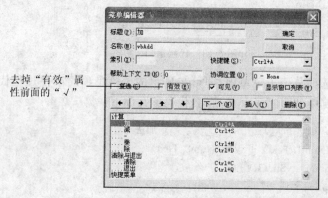

图 8-14　菜单项有效属性取消后效果图

(2)代码编写

在两个文本框中输入数据后使其菜单项生效,为此需要为这两个文本框的 Change 事件过程编写如下代码:

```
Private Sub Num1_Change()
    If Num1. Text = "" Then
        vbAdd. Enabled = False
        vbSub. Enabled = False
        vbMul. Enabled = False
        vbDiv. Enabled = False
    Else
        vbAdd. Enabled = True
        vbSub. Enabled = True
        vbMul. Enabled = True
        vbDiv. Enabled = True
    End If
End Sub

Private Sub Num2_Change()
    If Num2. Text = "" Then
        vbAdd. Enabled = False
```

```
                vbSub. Enabled = False
                vbMul. Enabled = False
                vbDiv. Enabled = False
            Else
                vbAdd. Enabled = True
                vbSub. Enabled = True
                vbMul. Enabled = True
                vbDiv. Enabled = True
            End If
        End Sub
```

完成上述代码的编写后,运行程序,在文本框中输入数据后菜单项才生效,才可进行相应的操作。

### 2. 菜单项标记

所谓菜单项标记,就是在菜单项前加上一个"√"。菜单项标记有两个作用:一是可以明显表示当前某个命令状态是"On"或"Off";二是可以表示当前选择的是哪个菜单项。

菜单项标记是通过"菜单编辑器"对话框中的"复选"属性设置的。当"复选"属性为"True"时,表明相应的菜单项前有"√"标记;而当该属性为"False"时,则相应的菜单项前没有"√"标记。但是,菜单项标记通常是动态地加上或取消的,因此应在程序代码中根据执行情况进行设置。下面用一个具体的实例来说明它的用法。

**例 8.2**　设计一个二级菜单,如图 8-15 所示。该菜单仅含有一个"字体格式化"(名称为"vbFormat")主菜单项,包括粗体、斜体、下划线 3 个子菜单项(名称分别为 vbBold、vbItalic、vbUnder)。

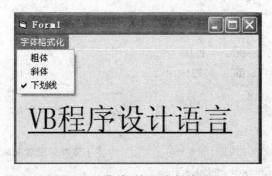

图 8-15　菜单项标记实例效果图

操作步骤如下:

(1)窗体界面的设计

在窗体上加入一个标签控件,其名称为"Label1",Caption 属性值为"VB 程序设计语言",字体设置为"宋体",大小设置为"30"。

(2)菜单的设计

在"菜单编辑器"对话框中设置各菜单项的属性,如表 8-7 所示。

**表 8-7　菜单项的属性设置**

| 分类 | 标题 | 名称 | 内缩符号 |
|---|---|---|---|
| 主菜单项 1 | 字体格式化 | vbFormat | 无 |
| 子菜单项 1 | 粗体 | vbBold | 1 个 |
| 子菜单项 2 | 斜体 | vbItalic | 1 个 |
| 子菜单项 3 | 下划线 | vbUnder | 1 个 |

(3)编写程序代码

各菜单项的事件过程代码如下:

```
    Private Sub vbBold_Click()                      '粗体的设置和取消
        If vbBold. Checked = False Then
            vbBold. Checked = True
            Label1. FontBold = True
        Else
            vbBold. Checked = False
            Label1. FontBold = False
        End If
    End Sub


    Private Sub vbItalic_Click()                    '斜体的设置和取消
        If vbItalic. Checked = False Then
            vbItalic. Checked = True
            Label1. FontItalic = True
        Else
            vbItalic. Checked = False
            Label1. FontItalic = False
        End If
    End Sub


    Private Sub vbUnder_Click()                     '下划线的设置和取消
        If vbUnder. Checked = False Then
            vbUnder. Checked = True
            Label1. FontUnderline = True
        Else
            vbUnder. Checked = False
            Label1. FontUnderline = False
        End If
    End Sub
```

运行上面的程序,即可得到如图 8-15 所示的效果。

# 本章小结

　　菜单是应用程序中非常重要的一个组成部分，设计菜单的任务就是确定各个菜单项的名称以及要实现的内容，然后有条理地组织它们。进行应用程序设计时应当尽量保持 Windows 风格，与一般的 Windows 应用程序界面保持一致。VB 提供的菜单设计工具大大简化了菜单设计的步骤，减少了开发的工作量。本章主要讲述了菜单的设计方法、各种菜单的设计风格以及菜单项的属性设置方法。学习本章内容有助于今后的 Windows 风格的应用程序开发。

# 第9章　图形程序设计

程序设计过程中经常会需要在界面上添加一些图形或图像，VB 专门为这方面的需要提供了相关的图形控件和一些绘制图形的方法。本章将介绍与图形处理有关的属性、方法、控件及一些相关的基础知识。

## 9.1　VB 的坐标系统

VB 中窗体、控件的大小和位置可以由它在容器中的坐标来确定。每个容器都有一个坐标系，所有容器的坐标系构成坐标系统。VB 提供两类坐标系：默认坐标系和自定义坐标系。

默认坐标系中原点(0,0)定位于对象容器用户区的左上角，X 轴向右为正方向，Y 轴向下为正方向。对象坐标的度量单位由容器对象的 ScaleMode 属性决定，共有 8 种形式的单位，默认为"Twip"。ScaleMode 属性设置如表 9-1 所示。

表 9-1　ScaleMode 属性设置

| 值 | 内部常数 | 单　位 |
|---|---|---|
| 0 | VbUser | 用户自定义 |
| 1 | VbTwips | 缇(Twip，默认值) |
| 2 | VbPoints | 磅(Point，每英寸 72 磅，20 个 Twip 为 1 磅) |
| 3 | VbPixels | 像素(Pixel) |
| 4 | VbCharacters | 字符(默认为高 12 磅，宽 20 磅) |
| 5 | VbInches | 英寸(Inch，每英寸 1440 个 Twip) |
| 6 | VbMillimeters | 毫米(Millimeter) |
| 7 | VbCentimeters | 厘米(Centimeter) |

用 ScaleMode 属性只能改变刻度单位，不能改变坐标原点及坐标轴的方向。当容器对象的 ScaleMode 属性设置为"0"时，允许自定义坐标系。可以通过设置对象的 ScaleLeft、ScaleTop、ScaleWidth 和 ScaleHeight 属性来定义合适的坐标系。

属性 ScaleTop、ScaleLeft 的值用于控制对象左上角坐标，对象左上角坐标为(ScaleLeft，ScaleTop)。

　　属性 ScaleWidth、ScaleHeight 的值可确定对象坐标系 X 轴与 Y 轴的正向及最大坐标值,缺省时其值均大于 0。此时,X 轴的正向向右,Y 轴的正向向下。对象右下角坐标值为(ScaleLeft＋ScaleWidth, ScaleTop＋ScaleHeight)。如果 ScaleWidth 的值小于 0,则 X 轴的正向向左,如果 ScaleHeight 的值小于 0,则 Y 轴的正向向上。

　　**例 9.1**　在窗体 Form1 中建立新坐标。

　　设置窗体 Form1 的 4 项属性为:

```
Form1. ScaleLeft = －300
Form1. ScaleTop = 200
Form1. ScaleWidth = 600
Form1. ScaleHeight = －400
```

　　则:

```
ScaleLeft＋ScaleWidth = 300
ScaleTop＋ScaleHeight = －200
```

　　窗体左上角坐标为(－300, 200),右下角坐标为(300, －200)。X 轴的正向向右,Y 轴的正向向上,如图 9-1 所示。

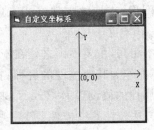

图 9-1　用属性定义坐标系

　　除了用上述属性定义坐标系外,Scale 方法也可重新定义窗体、图片框、打印机等对象的坐标系。语法格式为:

　　**[对象名.]Scale [(X1, Y1)－(X2, Y2)]**

　　其中,对象名可以是窗体、图片框或打印机。如果缺省对象名,则缺省为带有焦点的窗体对象。(X1, Y1)是对象用户区左上角的新坐标,(X2, Y2)是对象用户区右下角的新坐标。当 Scale 方法不带参数时,取消用户定义的坐标系,采用默认坐标系。

　　调用 Scale 方法后,VB 根据给定的坐标(X1, Y1)、(X2, Y2)自动计算出对象的 ScaleLeft、ScaleTop、ScaleWidth、ScaleHeight 属性的值,代码如下:

```
ScaleLeft = X1
ScaleTop = Y1
ScaleWidth = X2－X1
ScaleHeight = Y2－Y1
```

　　**例 9.2**　用 Scale 方法定义窗体 Form1 的坐标系,使其坐标系与例 9.1 相同。

　　程序代码如下:

Form1. Scale (−300，200)−(300，−200)

若要将窗体 Form1 的坐标系恢复为默认坐标系，程序代码如下：

Form1. Scale

**注意**：容器对象的高度和宽度分别由 Height 和 Width 属性决定，而对象内部垂直方向和水平方向的单元数分别由 ScaleHeight 和 ScaleWidth 属性决定。

# 9.2　图形控件

## 9.2.1　图片框控件和图像框控件

图片框控件可用于显示来自位图、图标、图元文件、JPEG 和 GIF 文件中的图片，还可作为其他控件的容器，也可显示图形方法输出的图形或 Print 方法输出的文本。

图像框控件则可以用来显示图像，支持的文件格式有位图、图标、图元、增强型图元文件、JPEG 文件和 GIF 文件。

图像框控件与图片框控件基本相同，主要不同之处在于：

图像框控件只能显示图片，不能作为其他控件的容器；控件使用系统资源少，而且重新绘图的速度较快；可以将 Stretch 属性的值设置为"True"，来延伸图片的大小以适应控件的大小，但是它支持的属性、事件和方法较图片框控件要少一些。

而图片框控件不仅可用来显示图片，还可以作为其他控件的容器，同时支持图形方法或 Print 方法。图片框控件不能延伸图片以适应控件的大小，但是可以自动调整控件的大小以显示完整的图片。

## 9.2.2　形状控件

形状控件可用来在窗体、框架或图片框中创建矩形、正方形、椭圆形、圆形、圆角矩形或圆角正方形图形。通过设置形状控件的 Shape 属性可实现所需要的形状，控制形状控件的外观。

语法格式为：

对象名. Shape[＝value]

其中，对象名是形状控件的 Name 属性，value 用来指定控件外观的参数，其设置值如表 9-2 所示。

表 9-2  **Shape 属性设置**

| 常数 | 值 | 描述 |
| --- | --- | --- |
| vbShapeRectangle | 0 | 矩形,默认值 |
| vbShapeSquare | 1 | 正方形 |
| vbShapeOval | 2 | 椭圆形 |
| vbShapeCircle | 3 | 圆形 |
| vbShapeRoundedRectangle | 4 | 圆角矩形 |
| vbShapeRoundedSquare | 5 | 圆角正方形 |

### 9.2.3  直线控件

直线控件与形状控件相似,但是仅用于画线。直线控件可用来在窗体、框架或图片框中创建各种直线,既可以在设计时通过设置直线的端点坐标来画直线,又可以在程序运行时动态地改变直线的各种属性。

程序运行时,不能使用 Move 方法移动直线控件,但是可以通过改变 X1、Y1、X2、Y2 属性来移动或调整直线,还可以通过改变 BorderColor、BorderStyle、BorderWidth 属性来设置直线的边框颜色、边框样式、边框宽度等。有关属性说明详见 9.4.1。

# 9.3  图形方法

实际上,VB 提供的图形方法可以更灵活地绘制图形。

### 9.3.1  Pset 方法

Pset 方法用于在对象的指定位置(x, y),按确定的像素颜色画点。其语法格式为:

[对象名.]Pset [Step] (x, y) [, Color]

说明:

①对象名是一个对象表达式,是控件的 Name 属性。如果省略对象名,则具有焦点的窗体作为对象。

②Step 是可选项,该关键字表示采用当前作图位置的相对值。

③(x, y)是必需的,x 和 y 是单精度浮点数,即所画点的水平坐标(x 轴)和垂直坐标(y 轴)。

④Color 是可选项,为该点指定 RGB 颜色。可用 RGB 函数或 QBColor 函数指定颜色。如果省略 Color,则使用当前的 ForeColor 属性值。如果使用背景色,则可清除某个位置上

的点。

**例 9.3** 在 VB 中采用 Pset 方法绘制正弦曲线。

程序代码如下：

```
Private Sub Form_Paint()
    Dim i As Single, x As Single
    Scale (－1000，－1000)－(1000，1000)              '自定义坐标系
    For i = －900 To 900 Step 0.1                    '绘制 x、y 轴
        PSet (i, 0), vbBlack
        PSet (0, i), vbBlack
    Next i
    For x = －360 To 360 Step 0.02                    '绘制正弦曲线
        PSet (x, 600 * Sin(x * 3.1415926 / 180)), vbRed
    Next x
End Sub
```

程序运行结果如图 9-2 所示。

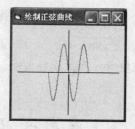

图 9-2　用 Pset 方法绘制正弦曲线

## 9.3.2　Line 方法

Line 方法用于在对象上画直线和矩形。其语法格式为：

    **［对象名.］Line [[Step] (x1，y1)] － [Step] (x2，y2)[,[Color][,B[F]]]**

说明：

①对象名是一个对象表达式，是控件的 Name 属性。省略时指带焦点的窗体。

②(x1，y1)指定所绘制直线或矩形的起点坐标。带有 Step 关键字时表示相对坐标，不带 Step 时表示绝对坐标。省略(x1，y1)时，则以对象的 CurrentX 和 CurrentY 属性确定起点坐标。

③(x2，y2)是必需的，用于指定绘制直线或矩形的终点坐标。带有 Step 关键字时表示相对坐标，不带 Step 时表示绝对坐标。

④Color 是可选参数，指定画线的 RGB 颜色，缺省时取对象的前景色，即 ForeColor 属性值。

**注意：**在省略 Color 参数时，逗号并不省略。

⑤B 是可选项。如果使用了 B 选项,则表示利用对角坐标画矩形。

⑥F 是可选项。如果使用了 B 选项,则 F 选项表示以矩形边框的颜色来填充矩形;不能只有 F 而没有 B。如果有 B 而没有 F,则矩形使用当前的 FillColor 和 FillStyle 填充。FillStyle 默认值为"透明"。

**例 9.4**　利用 Line 方法画出不同的直线和矩形。

程序代码如下:

```
Private Sub Form_Paint()
    Line (100, 100)-(1000, 1000)              '用前景色画直线
    Line (1200, 100)-(2000, 1000),, B         '用前景色画矩形
    Line (2200, 100)-(3000, 1000), vbRed, BF  '以矩形边框颜色红色填充矩形
    DrawWidth = 2                             '设置图形方法输出时的线条宽度为2
    Line -(3000, 2000), vbRed                 '以(CurrentX,CurrentY)为起点,
                                              '(3000,2000)为终点画红色直线
    FillStyle = 7                             '设置图形填充样式为交叉对角线
    Line (3200, 100)-Step(800, 900), vbRed, B '绘制矩形,用红色作为边框颜色,用
                                              'FillColor填充,填充样式为交叉对角线
End Sub
```

程序运行结果如图 9-3 所示。

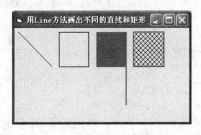

图 9-3　用 Line 方法画出不同的直线和矩形

### 9.3.3　Circle 方法

Circle 方法用于在指定对象上画圆、椭圆、圆弧和扇形。其语法格式为:

**[对象名.] Circle [Step] (x, y), r[,Color][,弧起始角][,弧终止角][,半径比]**

说明:

①对象名是一个对象表达式,是控件的 Name 属性。省略时指带焦点的窗体。

②(x, y)为圆心坐标,关键字 Step 表示采用当前作图位置的相对值。

③r 是半径。

④Color 指定所画图轮廓线的颜色,默认时采用前景色,即 ForeColor 属性值。

⑤圆弧和扇形通过参数弧起始角、弧终止角控制。当弧起始角、弧终止角取值在 $0\sim2\pi$ 时为圆弧。当在弧起始角、弧终止角取值前加一负号时,画出扇形,负号表示画圆心到圆弧

的径向线。

⑥半径比是纵轴和横轴的半径比值。默认值为 1，表示画圆。

**例 9.5**　用 Circle 方法画圆、椭圆、圆弧和扇形。

程序代码如下：

```
Private Sub Form_Paint()
    Circle (1000，1000)，400
    Circle (2000，1000)，400，，，，2
    Circle (3000，1000)，400，，3.1415926 / 2，2 * 3.1415926
    Circle (4000，1000)，400，，-3.1415926 / 2，-2 * 3.1415926
End Sub
```

程序运行结果如图 9-4 所示。

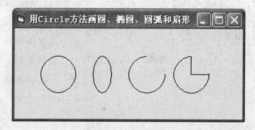

图 9-4　用 Circle 方法画圆、椭圆、圆弧和扇形

### 9.3.4　与绘图有关的其他方法

**1. Cls 方法**

Cls 方法用于清除绘图区域的所有图形，即用绘图对象的背景色填充整个绘图区域。其语法格式为：

　　［对象名.］**cls**

说明：

对象名是一个对象表达式，是控件的 Name 属性。省略时指带焦点的窗体。

**2. Point 方法**

Point 方法用于返回对象中指定点的 RGB 颜色。其语法格式为：

　　［对象名.］**Point (x，y)**

说明：

对象名是一个对象表达式，是控件的 Name 属性。省略时指带焦点的窗体。

**3. PaintPicture 方法**

PaintPicture 方法用来把一个窗体或图片框中已装入的图像文件（. bmp、. ico、. wmf 等）取出一部分放到另一个（或是它本身）对象中。该方法可实现在绘图对象内部或对象之间的图像复制操作。其语法格式为：

[对象名.]PaintPicture 源图像，x1,y1[,Width1][,Height1][,x2,y2][,Width2][,Height2]

说明：

①对象名是一个对象表达式，是控件的 Name 属性。缺省时指带焦点的窗体。

②源图像是必需的，是指在源对象中已装入的图像文件，这里指定的必须是源对象的 Picture 属性。

③x1、y1 是必需的，分别指在对象上绘制图像的水平和垂直坐标。

④Width1、Height1 是可选项，指定复制的图像在目标对象中的宽度和高度。当指定的宽度或高度大于或小于复制图像的宽度或高度时，复制对象自动被压缩或拉伸；默认时取原始尺寸。当这两个参数为负数时，复制的图像水平或垂直翻转。

⑤x2、y2 是可选项，分别指要复制的区域左上角的水平和垂直坐标。默认值均为 0。

⑥Width2、Height2 是可选项，指定源对象中要复制区域的宽度和高度。默认时取原始尺寸。

**注意**：省略参数时，在后面参数之前的逗号不能省略。PaintPicture 方法执行后是把源对象中的图像传给目标对象，而不是传给目标对象的 Picture 属性，所以，目标对象的 Picture 属性为空。

4. Move 方法

Move 方法用来移动窗体、控件的位置或改变对象的大小。其语法格式为：

[对象名.]Move Left, Top, Width, Height

说明：

①对象名是一个对象表达式，是控件的 Name 属性。缺省时指带焦点的窗体。

②Left 是左上角的水平坐标，单精度浮点数。

③Top 是左上角的垂直坐标，单精度浮点数。

④Width 是对象的宽度，单精度浮点数。

⑤Height 是对象的高度，单精度浮点数。

# 9.4 与绘图有关的属性和函数

## 9.4.1 与绘图有关的属性

在 VB 中，窗体、图片框、图形对象都有一些与图形有关的属性，这些属性可以设置位置、颜色、线型、填充样式等。程序可以利用这些属性，结合前面所学的图形控件和图形方法绘制出丰富多彩的图形。如表 9-3 所示为与绘图有关的属性。

表 9-3    与绘图有关的属性

| 类别 | 属性 | 语 法 | 作 用 |
|---|---|---|---|
| 显示处理 | AutoRedraw | ［对象名.］AutoRedraw［＝Boolean］ | 返回或设置从图形方法到持久图形的输出 |
| | ClipControls | ［对象名.］ClipControls［＝Boolean］ | 返回或设置一个值，决定 Paint 事件中的图形方法是重绘整个对象，还是只绘刚刚露出的区域 |
| 当前绘图位置 | CurrentX | ［对象名.］CurrentX［＝x］ | 返回或设置下一次打印或绘图方法的水平坐标 |
| | CurrentY | ［对象名.］CurrentY［＝y］ | 返回或设置下一次打印或绘图方法的垂直坐标 |
| 绘图技术 | DrawMode | ［对象名.］DrawMode［＝number］ | 返回或设置一个值，以决定图形方法的输出外观或形状及直线控件的外观 |
| | DrawStyle | ［对象名.］DrawStyle［＝number］ | 返回或设置一个值，以决定图形方法输出的线型的样式，如表 9-4 所示 |
| | DrawWidth | ［对象名.］DrawWidth［＝size］ | 返回或设置图形方法输出的线宽 |
| | BorderStyle | ［对象名.］BorderStyle［＝number］ | 返回或设置对象的边框样式，对窗体对象和文本框控件在运行时是只读的 |
| | BorderWidth | ［对象名.］BorderWidth［＝number］ | 返回或设置对象的边框宽度 |
| 填充技术 | FillStyle | ［对象名.］FillStyle［＝number］ | 返回或设置用来填充形状的模式，以及由 Circle 和 Line 图形方法生成的圆和方框的模式，如表 9-5 所示 |
| | BackStyle | ［对象名.］BackStyle［＝number］ | 决定图形填充是否透明，为 0 时表示透明，此时 BackColor 属性无效 |
| 颜色 | BackColor | ［对象名.］BackColor［＝value］ | 返回或设置对象的背景色 |
| | ForeColor | ［对象名.］ForeColor［＝value］ | 返回或设置对象的前景色 |
| | BorderColor | ［对象名.］BorderColor［＝value］ | 返回或设置对象的边框色 |
| | FillColor | ［对象名.］FillColor［＝value］ | 返回或设置用于填充形状的颜色。FillColor 也可以用来填充由 Circle 和 Line 图形方法生成的圆和方框 |

表 9-4    DrawStyle 设置表

| 常数 | 设置值 | 描述 | 常数 | 设置值 | 描述 |
|---|---|---|---|---|---|
| VbSolid | 0 | 实线（缺省） | VbDashDotDot | 4 | 点点划线 |
| VbDash | 1 | 虚线 | VbInvisible | 5 | 透明线 |
| VbDot | 2 | 点线 | VbInsideSolid | 6 | 内实线 |
| VbDashDot | 3 | 点划线 | | | |

表 9-5　**FillStyle 设置表**

| 常数 | 设置值 | 描述 | 常数 | 设置值 | 描述 |
|---|---|---|---|---|---|
| VbFSSolid | 0 | 实线 | VbUpwardDiagonal | 4 | 上斜对角线 |
| VbFSTransparent | 1 | 透明（缺省） | VbDownwardDiagonal | 5 | 下斜对角线 |
| VbHorizontalLine | 2 | 水平直线 | VbCross | 6 | 十字线 |
| VbVerticalLine | 3 | 垂直直线 | VbDiagonalCross | 7 | 交叉对角线 |

**例 9.6**　在窗体上绘制 7 条线，每条线显示不同的 DrawStyle 属性。

程序代码如下：

```
Private Sub Form_Paint()
    Dim i
    ScaleHeight = 8
    For i = 0 To 6
        DrawStyle = i
        Line (0, i + 1)－(ScaleWidth, i + 1)
    Next i
End Sub
```

按功能键 F5 运行该程序，程序运行结果如图 9-5 所示。

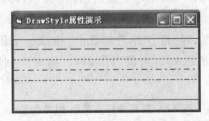

图 9-5　DrawStyle 属性演示

**例 9.7**　在窗体上绘制 8 个矩形，分别填充 8 种不同的模式。

程序代码如下：

```
Private Sub Form_Paint()
    Dim i%：Scale (0, 0)－(16, 16)
    For i = 0 To 7
        FillStyle = i
        Line (2, 2 * i)－(6, 2 * (i + 0.8)), F, B
        CurrentX = 7：CurrentY = 2 * i + 0.5
        Print "This is FillStyle "；i
    Next i
End Sub
```

按功能键 F5 运行该程序，程序运行结果如图 9-6 所示。

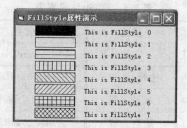

图 9-6　FillStyle 属性演示

### 9.4.2　与绘图有关的函数

VB 还提供了两个专门处理颜色的函数：RGB 函数和 QBColor 函数。

**1. RGB 函数**

RGB 函数返回一个 Long 型整数，用来表示一个 RGB 颜色值。其语法格式为：

    **RGB(red，green，blue)**

说明：

①red 是必需的，Variant(Integer)。数值范围从 0～255，表示颜色的红色成分。

②green 是必需的，Variant(Integer)。数值范围从 0～255，表示颜色的绿色成分。

③blue 是必需的，Variant(Integer)。数值范围从 0～255，表示颜色的蓝色成分。

④一个 RGB 颜色指定红、绿、蓝 3 原色的成分，生成一个用于显示的特定颜色。传给 RGB 的任何参数的值，如果超过 255，会被当作 255。如表 9-6 所示为常见的标准颜色 RGB 的值。

表 9-6　常见的标准颜色 RGB 的值

| 颜色 | red | green | blue |
| --- | --- | --- | --- |
| 黑 | 0 | 0 | 0 |
| 红 | 255 | 0 | 0 |
| 绿 | 0 | 255 | 0 |
| 蓝 | 0 | 0 | 255 |
| 青 | 0 | 255 | 255 |
| 洋红 | 255 | 0 | 255 |
| 黄 | 255 | 255 | 0 |
| 白 | 255 | 255 | 255 |

**2. QBColor 函数**

QBColor 函数最多只能设置 16 种颜色。其语法格式为：

    **QBColor(Color)**

说明：

Color 是一个界于 0~15 的整型数，用于指定颜色。如表 9-7 所示为 QBColor 函数中 Color 取值所对应的颜色。

表 9-7　QBColor 函数中 Color 的取值与对应的颜色

| Color 取值 | 颜色 | Color 取值 | 颜色 |
| --- | --- | --- | --- |
| 0 | 黑 | 8 | 灰 |
| 1 | 蓝 | 9 | 亮蓝 |
| 2 | 绿 | 10 | 亮绿 |
| 3 | 青 | 11 | 亮青 |
| 4 | 红 | 12 | 亮红 |
| 5 | 洋红 | 13 | 亮洋红 |
| 6 | 黄 | 14 | 亮黄 |
| 7 | 白 | 15 | 亮白 |

# 9.5　简单的动画制作

将之前所学的定时器控件和本章所介绍的内容结合起来，可以实现简单的动画制作。利用 VB 制作动画常用如下几种方法。

①使用图片框或图像框的 Move 方法。在计时器控件的 Timer 事件中使用 Move 方法移动图片框或图像框，从而达到动画的效果。

②使用一个图片框或图像框，在计时器控件的 Timer 事件中改变图片框或图像框的 Picture 属性，通过装入不同的图片来达到动画效果。

③在窗体中使用多个图片框或图像框，为每个框先设置 Picture 属性以装入图片，再设置 Visible 属性为"False"，在计时器控件的 Timer 事件中给一个图片框或图像框的 Visible 属性设置为"True"。这样，每次可显示一张图片，从而达到动画效果。

**例 9.8**　实现简单动画。下面的程序可以实现图像在窗体中的移动，当图像移动到窗体边缘时会改变移动方向。

分析：在窗体中加入一个图像框控件和一个定时器控件。在属性窗口中，设置图像框控件的 Picture 属性为"pic. jpg"，Stretch 属性为"True"，以显示整幅图片。

程序代码如下：

```
Dim cx As Integer, cy As Integer

Private Sub Form_Load()                 '初始化 cx 和 cy 并激活定时器
    cx = 50
```

```
        cy = 70
        Timer1. Interval = 100
        Timer1. Enabled = True
    End Sub


    Private Sub Timer1_Timer()                    '定时器代码,改变图片的位置以实现动画
        Image1. Move Image1. Left + cx, Image1. Top + cy
        If Image1. Left + Image1. Width > ScaleLeft + ScaleWidth Then cx = -50
        If Image1. Top + Image1. Height > ScaleTop + ScaleHeight Then cy = -70
        If Image1. Top < 0 Then cy = 50
        If Image1. Left < 0 Then cx = 70
    End Sub
```

# 9.6　应用实例

**实例 1**　星爆效果。下面的程序从屏幕的中央用随机的颜色画随机的直线,产生出星爆的效果。

程序代码如下:

```
    Private Sub Form_Click()
        Dim i As Integer, color As Integer
        Dim col As Single, row As Single
        Randomize
        Cls
        Scale (-512, 384)-(512, -384)
        For i = 1 To 100
            col = 300 * Rnd
            If Rnd < 0.5 Then
                col = -col
            End If
            row = 200 * Rnd
            If Rnd < 0.5 Then
                row = -row
            End If
            color = 15 * Rnd
            Line (0, 0)-(col, row), QBColor(color)
        Next i
    End Sub
```

按功能键 F5 运行该程序,每单击一次窗体,会产生不同的星爆效果。其中一种星爆效

果如图 9-7 所示。

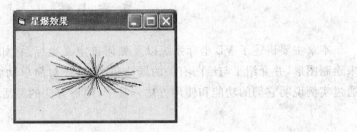

图 9-7　星爆效果

**实例 2**　五彩碎纸。用 PSet 方法在窗体上显示五彩碎纸。

程序代码如下：

```
Private Sub Form_Paint()
    Dim x, y, word, xpos, ypos
    ScaleMode = 3                              '设置 ScaleMode 为像素
    DrawWidth = 4                              '设置线宽为 4
    ForeColor = RGB(255,0,0)                   '设置前景色为红色
    FontSize = 18                              '设置字体大小
    FontBold = True                            '设置粗体
    x = ScaleWidth / 2                         '得到水平中点
    y = ScaleHeight / 2                        '得到垂直中点
    Cls                                        '清除窗体
    word = "欢迎学习 Visual Basic"
    CurrentX = x - TextWidth(word) / 2         '水平位置
    CurrentY = y - TextHeight(word) / 2        '垂直位置
    Print word                                 '输出文字
    For i = 1 To 300
        xpos = Rnd * ScaleWidth                '得到水平位置
        ypos = Rnd * ScaleHeight               '得到垂直位置
        PSet (xpos, ypos), QBColor(Rnd * 15)   '画五彩碎纸
    Next i
End Sub
```

按功能键 F5 运行该程序,程序运行结果如图 9-8 所示。

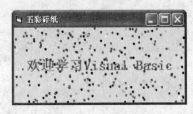

图 9-8　五彩碎纸

# 本章小结

  本章主要讲述了 VB 坐标系统以及如何自定义坐标系，如何使用图形控件和图形方法来绘制图形，并介绍了与绘图有关的属性和函数，还对简单动画的设计方法进行了介绍，并通过实例说明它们的功能和使用方法。其中，图形方法的灵活使用是本章的重点和难点。

# 第 10 章  多媒体编程初步

本章将介绍 VB 在多媒体处理方面的基础知识。通过生动具体的实例，读者可以从中感受到 VB 在多媒体编程方面的魅力和便捷，并对常用的几种多媒体控件的使用方法有所掌握和了解，使得能够初步掌握多媒体编程技术，能够利用所学知识开发一些多媒体应用程序。

## 10.1   多媒体技术概述

多媒体是由英文单词"Multimedia"直接翻译而来的。其中，"Multi"指"多"，"Media"指"媒体"，其含义是承载信息的载体。通常我们所说的"媒体"，如广播、电视、报纸等，它们都是非数字化的。随着计算机技术和通信技术的飞速发展，现在，我们把这种将不同形式的各种媒体信息数字化，并结合计算机技术对它们进行组织、加工来提供给用户使用的新媒体称为"多媒体"。按照信息形式的不同，多媒体包括了文本、图形、图像、声音、动画和视频等，多媒体技术就是把这些媒体通过计算机集成在一起的技术。也就是说，多媒体技术是通过计算机把文本、图形、图像、声音、动画和视频等多种媒体信息综合起来，使之建立起一种逻辑连接，并集成为一个具有交互性的系统的技术。

## 10.2   VB 中的多媒体控件

### 10.2.1   动画(Animation)控件

VB 提供的动画控件可以播放 AVI 视频动画，但它只能播放没有声音的 AVI 视频动画。在播放动画的同时，可以执行其他代码。要使用动画控件，首先需执行"工程"→"部件"菜单命令，在打开的"部件"对话框的"控件"列表中选择"Microsoft Windows Common Controls-2 6.0"复选框，然后单击"确定"按钮，将该控件添加到工具箱中。

1. 属性

要通过动画控件播放视频动画，必须明确其相关的属性和方法。动画控件的主要属性如表 10-1 所示。

**表 10-1 动画控件的属性**

| 属性 | 作 用 |
| --- | --- |
| Name | 设置控件名，标识控件 |
| AutoPlay | 用来确定在加载 AVI 文件后，是否自动播放 |
| BackStyle | 确定控件是在透明的背景上，还是在动画剪辑中指定的背景色上绘制动画 |
| Center | 确定播放的 AVI 文件是否居中。当该属性为"True"时，会根据图像的大小，在控件中心显示文件；当属性值为"False"时，AVI 文件定位在控件的 (0,0)处 |
| Enabled | 决定一个对象是否响应用户生成事件 |
| ToolTipText | 设置提示的文本 |
| Visible | 设置对象是否可见 |

### 2. 事件和方法

Animation 控件本身具有事件，如鼠标事件（Click、DblClick、MouseMove、MouseUp、MouseDown 等）、焦点事件（设置焦点的 GotFocus 事件和失去焦点的 LostFocus 事件）等。

Animation 控件有多种方法，主要的方法包括：

①Open 方法：打开播放的 AVI 文件。

②Close 方法：使 Animation 控件关闭当前打开的 AVI 文件。

③Play 方法：开始播放。

④Stop 方法：停止播放。

**例 10.1** 利用 Animation 控件播放 AVI 动画 。

操作步骤如下：

（1）添加控件

执行"工程"→"部件"菜单命令，在打开的"部件"对话框的"控件"列表中选择"Microsoft Common Dialog Control 6.0"和"Microsoft Windows Common Controls-2 6.0"复选框，单击"确定"按钮，即可将通用对话框控件和 Animation 控件添加至工具箱中。

（2）控件选择

2 个通用对话框控件：CommonDialog1、CommonDialog2；2 个命令按钮控件：Command1、Command2；1 个动画控件：Animation1。

（3）控件属性设置

控件及其属性设置如表 10-2 所示。

**表 10-2 控件及其属性**

| 控件 | 名称 | 属性 | 属性值 |
| --- | --- | --- | --- |
| 通用对话框 | CommonDialog1 | （所有属性） | （默认值） |
| | CommonDialog2 | （所有属性） | （默认值） |

续表

| 控件 | 名称 | 属性 | 属性值 |
|------|------|------|--------|
| 命令按钮 | Command1 | Caption | 开始播放 |
|      | Command2 | Caption | 停止动画 |
| 动画 | Animation1 | （所有属性） | （默认值） |

（4）布局及运行结果

控件布局如图 10-1 所示,运行结果如图 10-2 所示。

图 10-1　控件布局图　　　　　图 10-2　运行效果图

（5）代码编写

在"开始播放"按钮的 Click 事件中添加如下代码:

```
Private Sub Command1_Click()
    CommonDialog1. Filter = "( * . avi)| * . avi"        '设置文件的类型
    CommonDialog1. ShowOpen                              '弹出"打开"文件对话框
    If CommonDialog1. FileName = "" Then Exit Sub
    Animation1. Open CommonDialog1. FileName
    Animation1. Play                                     '开始播放
    Command1. Enabled = False                            '禁用"开始播放"命令按钮
    Command2. Enabled = True                             '启用"停止动画"命令按钮
End Sub
```

在"停止动画"命令按钮中添加如下代码:

```
Private Sub Command2_Click()
    Animation1. Stop                                     '停止动画
    Animation1. Close                                    '关闭打开文件
    Command1. Enabled = True                             '启用"开始播放"命令按钮
    Command2. Enabled = False                            '禁用"停止动画"命令按钮
End Sub
```

## 10.2.2　多媒体 MCI 控件

多媒体 MCI 控件通常也叫 MMControl 控件,VB 中的 Microsoft Multimedia Control

6.0 中就提供了该控件。这种控件可以用来向声卡、MIDI 序列发生器、CD-ROM 驱动器、视频 VCD 播放器等设备发出 MCI 命令，由此对这些设备进行常规的启动、播放、前进、后退、停止等操作。多媒体 MCI 控件可以播放多种文件格式，包括 WAV、MIDI、MOV、AVI、MPEG 等。

### 1. 属性

多媒体 MCI 控件有许多属性，主要属性如表 10-3 所示。

**表 10-3　多媒体 MCI 控件的属性**

| 属性 | 作　用 |
|---|---|
| DeviceType | 指定要打开的 MCI 设备的类型 |
| FileName | 指定要播放的文件目录和文件名 |
| Command | 指定要执行的命令的名称，这些命令包括 Open、Close、Play、Pause、Stop、Back、Step、Prev、Next、Seek、Record、Eject、Sound 和 Save，如表 10-3 所示。在设计时，该属性不可用 |
| ButtonEnabled | 确定控件上的按钮是否被激活，包括 BackEnabled 属性、PlayEnabled 属性、NextEnabled 属性、StopEnabled 属性等 |
| ButtonVisible | 决定是否显示控件中的某个按钮，包括 EjectVisible 属性、PauseVisible 属性、Prevvisible 属性等 |
| Length | 给出被 MCI 打开的播放文件的长度，在设计时该属性不可用，在运行时是只读的 |
| Shareable | 决定多个程序能否共享同一台 MCI 设备 |
| Position | 指出一个打开了的 MCI 设备的位置，在设计时它不可用，在运行时它是只读的 |
| Wait | 决定 Multimedia 控件是否要等到下一条 MCI 命令完成后，才能将控件返回应用程序。在设计模式下该属性不可用 |
| Mode | 指定执行 MCI 设备的模式，在设计时它不可用，在运行时它是只读的 |

**表 10-4　多媒体 MCI 控件的 Command 属性**

| 命令字符 | 命令描述 |
|---|---|
| Open | 打开设备 |
| Close | 关闭设备 |
| Play | 开始播放 |
| Pause | 暂停播放或记录。如果之前已经暂停，则在执行该命令后，设备会重新开始播放或记录 |
| Stop | 停止播放或记录 |
| Back | 向后单步退 |
| Step | 向前单步进 |
| Prev | 定位到当前曲目的开始部分 |
| Next | 定位到下一曲目的开始部分 |

续表

| 命令字符 | 命令描述 |
|---|---|
| Seek | 如果没有播放，就使用 MCI_SEEK 命令搜索一个位置；如果正在播放，就使用 MCI_PLAY 命令从给定位置开始继续播放 |
| Record | 进行记录 |
| Eject | 将媒体弹出 |
| Sound | 播放声音 |
| Save | 保存打开的文件 |

**2. 事件和方法**

和 VB 的其他控件一样，多媒体 MCI 控件具有自己的事件和方法。当对控件上的任何一个有效的按钮进行单击操作时，都会产生一个 Button Click 事件。当按钮释放时，就会产生 Button Completed 事件。Statusupdate 事件可监测目前多媒体设备的状态信息。

执行"工程"→"部件"菜单命令，打开"部件"对话框，在"控件"列表中选择"Microsoft Multimedia Control 6.0"复选框，单击"确定"按钮，即可将 MMControl 控件添加到工具箱中，如图 10-3 所示。MMControl 控件实际上是由一组执行 MCI 命令的按钮组成的，这些按钮的功能和通常的 CD 机或录像机的功能相似，可以进行常规的前进、后退、播放、暂停、快退、快进、停止、录音、弹出操作。双击工具箱中的 MMControl 控件图标便可以将其添加到窗体中，如图 10-4 所示。

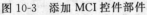

图 10-3　添加 MCI 控件部件

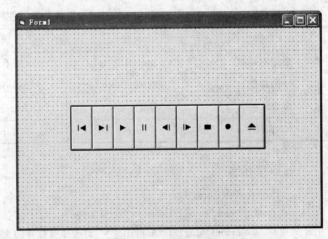

图 10-4　窗体上的 MMControl 控件图标

**例 10.2**　使用 MMControl 控件播放 MP3 音乐。

操作步骤如下：

①按照前述方法将 MMControl 控件添加到窗体上，并在窗体上添加一个 CommonDialog 控件。

②在代码窗口里输入如下代码：

```
Private Sub Form_Click()
    CommonDialog1. Filter = "全部文件(＊.＊)|＊.＊|mp3 文件|＊.mp3"
    CommonDialog1. FileName = "byywdalshw. mp3"
    CommonDialog1. InitDir = "F:\music\音乐"
    CommonDialog1. Action = 1
    MMControl1. Orientation = mciOrientHorz
    MMControl1. Notify = False
    MMControl1. Shareable = False
    MMControl1. Wait = True
    MMControl1. FileName = CommonDialog1. FileName
    MMControl1. Command = "Open"
End Sub
```

**例 10.3** 使用 MMControl 控件播放 AVI 动画。

操作步骤如下：

（1）控件选择

1 个通用对话框控件：CommonDialog1；1 个图片框控件：PictureBox1；1 个多媒体控件：MMControl1。其中，通用对话框控件 CommonDialog1 用来显示"打开"对话框；图片框控件 PictureBox1 用来显示播放的画面；多媒体控件 MMControl1 用来实现播放的各种功能。

（2）控件属性设置

控件及其属性设置如表 10-5 所示。

表 10-5　控件及其属性

| 控件 | 名称 | 属性 | 属性值 |
|---|---|---|---|
| 通用对话框 | CommonDialog1 | （所有属性） | （默认值） |
| 图片框 | PictureBox1 | AutoRedraw | True |
| 多媒体控件 | MMControl1 | AutoEnable | True |
| 窗体 | Form1 | Caption | 我的动画播放器 |

（3）代码编写

```
Private Sub Form_Load()
    CommonDialog1. Filter = "全部文件(＊.＊)|＊.＊|动画文件(.avi)|.avi"
    CommonDialog1. DialogTitle = "请选择要打开的文件"
    CommonDialog1. Action = 1
    MMControl1. Orientation = mciOrientHorz
    MMControl1. DeviceType = "AVIVideo"
    MMControl1. Notify = False
    MMControl1. Shareable = False
    MMControl1. Wait = True
    MMControl1. FileName = CommonDialog1. FileName
    MMControl1. hWndDisplay = Picture1. hWnd
```

```
        MMControl1. Command = "open"
    End Sub
```

程序运行效果如图 10-5 所示。

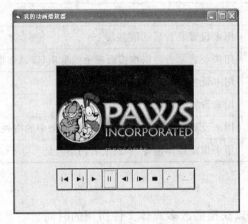

图 10-5　实例 10.3 效果图

### 10.2.3　MediaPlayer 控件

提供 MediaPlayer 控件的文件是"msdxm. ocx"，一般情况下，该文件存放在 Windows 的 System32 文件夹中。添加该控件的方法是：执行"工程"→"部件"菜单命令，在打开的 "部件"对话框中单击"浏览"按钮，接着找到该文件并将其加载到工具箱中即可。 MediaPlayer 控件可以播放 WAV、MP3、MIDI、MOV、AVI、MPEG 等多种格式的多媒体文件，还提供了一个播放面板，其内有控制播放的各种按钮和轨迹条，如图 10-6 所示。

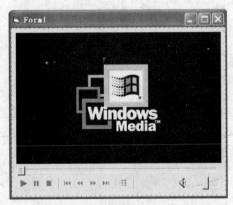

图 10-6　MediaPlayer 控件外观

#### 1.属性

MediaPlayer 控件的常用属性如表 10-6 所示。

**表 10-6　MediaPlayer 控件的属性**

| 属性 | 作　用 |
|------|--------|
| EnableContextMenu | 用来设置是否可以单击鼠标右键调出控制菜单 |
| ShowPositionControls | 用来设置是否显示位置控制按钮 |
| ShowStatusBar | 用来设置是否显示信息条 |
| AutoRewind | 用来设置是否可以拖拽面板中的滑块，以调整播放的画面 |
| EnablePositionControls | 用来设置位置控制按钮是否有效 |
| DisplaySize | 用来设置画面的大小 |
| EnableTracker | 用来设置是否可以用鼠标拖拽轨迹条中的滑块 |
| URL | 用来指定媒体位置，本机或者网络地址 |

**2.方法**

①Duration 方法：可以获得播放多媒体文件所用的时间。

②Play 方法：开始播放。

③Pause 方法：暂停播放。

④Stop 方法：停止播放。

MediaPlayer 控件的控制菜单命令可以用来控制多媒体的播放、暂停和停止，可以调整画面的大小，可以全屏显示。其中的"选项"菜单命令可以调出 MediaPlayer 控件的"选项"对话框，如图 10-7 所示。

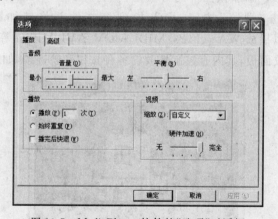

图 10-7　MediaPlayer 控件的"选项"对话框

# 10.3　利用 API 函数制作多媒体程序的方法

API(Application Programming Interface)是 Windows 应用程序编程接口的简称，是一个由操作系统所支持的函数声明、参数定义和信息格式的集合，其中包含了许多的函数、例程、类型和常数定义。API 函数包含在 Windows 系统目录下的动态链接库文件（Dynamic Linkable Library，DLL）中，主要的 DLL 有 Windows 内核库（Knernel32. dll）、Windows 用户界面管理库（User32. dll）、Windows 图形设备界面（GDI32. dll）、多媒体函数（Winmm. dll）等。

用户可以使用 VB 程序直接调用所有的 Win32 API 函数。在 VB 中，要访问 API 函数的话，必须在 VB 应用程序的模块中用 Declare 语句来声明要使用的 API 函数。

格式：

**Private ｜Public Declare Function API 函数名 Lib ″库名″［Alias ″别名″］［参数列表］［As 类型］**

其实，VB 提供了专门的工具来完成声明 API 函数的任务，此工具是"API 浏览器"。因此，用户不必编写复杂的声明 API 函数的代码，而可以直接将保存有该代码的文本文件通过此工具调出来，并复制到 VB 应用程序的模块中即可。例如，"Win32api. txt"文本文件，它包含了经常使用的许多 API 过程声明，可以使用"API 浏览器"将其从 VB 主目录下的 Winapi 子目录中调出来。操作步骤如下：

①执行"工程"→"添加模块"菜单命令，添加一个模块。

②执行"外接程序"→"外接程序管理器"菜单命令，打开"外接程序管理器"对话框，如图 10-8 所示。

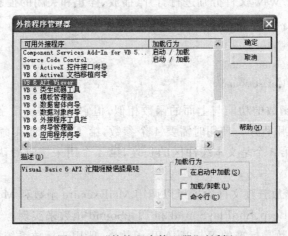

图 10-8 "外接程序管理器"对话框

③在打开的"外接程序管理器"对话框中选择"可用外接程序"列表中的"VB 6 API Viewer"选项，再在对话框下方的"加载行为"栏中选择"在启动中加载"和"加载/卸载"复选框。

④单击"确定"按钮，即将"VB 6 API Viewer"程序加载到 VB 中。之后，在"外接程序"菜单中会增加一个"API 浏览器"菜单项。

⑤执行"外接程序"→"API 浏览器"菜单命令，就可以打开"API 浏览器"对话框，如图 10-9 所示。

加载好"VB 6 API Viewer"程序后，就可以使用其进行查看并复制文本文件或 Jet 数据库文件了。

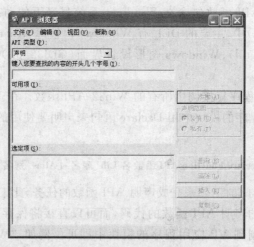

图 10-9  "API 浏览器"对话框

MciExecute 函数的功能就是执行 MCI 设备的命令,它只有一个参数即 MCI 指令字符串,当出现错误时将自动弹出对话框。使用 MciExecute 函数既可以播放动画文件又可以播放声音文件。

下面是对"music. wav"文件分别进行打开、播放、停止和关闭的控制程序。

> I＝mciExecute("open d:\music. wav"&"alias sound")
> I＝mciExecute("play sound")
> I＝mciExecute("stop sound")
> I＝mciExecute("close sound")

MciSendString 函数的功能与上面的函数相似,但它可以在传送字符串给 MCI 的同时接收反馈的信息给应用程序。使用时需要 4 个参数,第 1 个是 MCI 命令字符串,第 2 个是预备的文本缓冲区,第 3 个是文本缓冲区的长度,第 4 个用来接收确认信息,在 VB 中可恒置为 0。

利用 API 函数播放音频文件除了可以调用 MciExecute 函数和 MciSendString 函数外,还可以调用 MessageBeep、SndPlaySound 和 PlaySound 函数来实现。

MessageBeep 函数是标准的 Win32 API 函数,一般用于播放系统的报警声音。它的声明语句如下:

**Declare Function MessageBeep Lib ″User32. dll″(ByVal wType As Long) As Long**

PlaySound 函数主要用于播放给定的音频文件、WAV 资源与系统事件对应的声音。它的声明语句如下:

**Declare Function PlaySound Lib ″Winmm. dll″ Alias ″PlaySoundA″(ByVal lpszName As String,ByVal hModule As Long,ByVal dwFlags As Long)As Long**

说明:

lpszName 用来指定要播放的声音的字符串,hModule 是装载音频资源执行文件的句柄参数,dwFlags 是播放标志。

SndPlaySound 函数是 PlaySound 函数的子集,其声明语句如下:

**Declare Function sndPlaySound Lib ″Winmm. dll″ Alias ″sndPlaySoundA″( ByVal lpszSoundName As String, ByVal uFlags As Long) As Long**

**例 10.4**　使用 API 函数制作音频播放器。

(1)控件选择

1 个通用对话框控件:CommonDialog1;2 个标签控件:Label1、Label2;2 个命令按钮控件:Command1、Command2。

(2)控件属性设置

控件及其属性设置如表 10-7 所示。

表 10-7　控件及其属性

| 控件 | 名称 | 属性 | 属性值 |
|------|------|------|--------|
| 通用对话框 | CommonDialog1 | (所有属性) | (默认值) |
| 标签 | Label1 | Caption | (清空) |
|  | Label2 | Caption | (清空) |
| 命令按钮 | Command1 | Caption | 打开 |
|  | Command2 | Caption | 停止 |

(3)布局及运行结果

控件布局如图 10-10 所示,运行结果如图 10-11 所示。

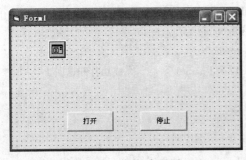
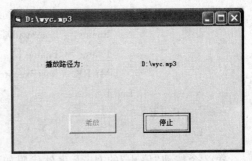

图 10-10　控件布局图　　　　　　图 10-11　运行结果图

(4)代码编写

在代码窗口的最顶端输入变量的定义和函数的声明语句:

```
Option Explicit
Private Declare Function mciExecute Lib ″winmm. dll″ (ByVal lpstrCommand As String) As Long
Dim MARK As Integer,RtValue As Long
```

加载窗体时进行初始化的代码如下:

```
Private Sub Form_Load()
    MARK = 0
```

```
            RtValue = 0
        End Sub
```

**第 1 个按钮"打开"的 Click 事件代码如下：**

```
    Private Sub Command1_Click()
        Dim Fname As String
        If Command1. Caption = "播放" And MARK = 1 Then
            RtValue = mciExecute("play music")
            Command2. Enabled = True
            Command1. Enabled = False
        End If
        If Command1. Caption = "打开" Then
            Command1. Caption = "播放"
            CommonDialog1. Filter = "ALL FILES( * . * )| * . *"
            CommonDialog1. FileName = ""
            CommonDialog1. ShowOpen              '弹出"打开"文件对话框
            If CommonDialog1. FileName <> "" Then
            Label1. Caption = "播放路径为："
            Label2. Caption = CommonDialog1. FileName
                If MARK = 1 Then RtValue = mciExecute("close music")
                                                '确保打开设备前它是处
                                                '在关闭状态
                Form1. Caption = CommonDialog1. FileName
                Fname = CommonDialog1. FileName
                Fname = Fname & " Alias music "
                MARK = mciExecute("Open "& Fname)    '成功打开返回 1
            End If
        End If
    End Sub
```

**第 2 个按钮"停止"的 Click 事件代码如下：**

```
    Private Sub Command2_Click()
        If MARK = 1 Then
            RtValue =mciExecute("stop music ")
            RtValue = mciExecute("close music")
            MARK = 0
        End If
        Command1. Enabled = True
        Command1. Caption = "打开"
        Command2. Enabled = False
    End Sub
```

# 本章小结

程序是一种编码的艺术,多媒体编程是程序设计中最为繁杂的工作。VB 为多媒体编程提供了很多方便的控件,如 Animation 控件、多媒体 MCI 控件和 MediaPlayer 控件等。本章重点介绍了多媒体 MCI 控件的属性、事件和方法,举了具体的实例详细介绍了其使用方法,同时也举例介绍了其他常用控件的基本使用方法,还介绍了使用 Win API 实现多媒体播放器的方法。通过本章的学习,要求熟练掌握常用的多媒体控件,并且能够利用它们进行一些多媒体应用程序的开发。

# 第11章 文件

计算机程序必须在内存中运行,运行结果也保存在内存中,当计算机关闭时,内存中的数据也将全部丢失。因此,应用程序必须具备存储数据到磁盘和从磁盘读取数据的能力,能够将各种信息以文件的形式保存在磁盘等长期存储的外存储器中。VB 为用户提供了强大的对文件系统的支持能力,使用户可以很方便地访问文件系统。本章将介绍文件的基本概念、文件的操作以及与文件操作相关的语句和控件。

## 11.1 文件概述

从计算机操作系统的概念来看,文件是指存放在外存储器上的信息的集合,文件是计算机系统中记录、保存和交流信息的主要方式。可以说,几乎所有的计算机信息(或数据)都是以各种计算机文件的方式保存和组织的。

### 11.1.1 文件类型

文件可以从不同的角度进行分类,如按照文件保存的内容区分,磁盘文件可以分为程序文件和数据文件。程序文件保存的是程序,数据文件保存的是数据。程序文件的读写操作一般由操作系统完成,数据文件的读写往往由应用程序实现。

VB 根据计算机访问的方式将数据文件分为 3 类。

(1)顺序文件

顺序文件是普通的正文文件,是最简单的文件结构,其中的记录一个接一个排列,构成文件的记录不定长,记录与记录间有明确的分隔符。由于记录不定长,无法直接定位记录的开始和结束,因此,要读写顺序文件的某个记录,必须从文件头开始,直到找到该记录为止。

顺序文件的缺点是:如果要修改数据,必须把所有数据都读入 RAM 中,进行修改,然后再将修改好的数据重新写入磁盘。由于不能灵活地存取数据,它只适用于有规律的、不要经常修改的数据文件。顺序文件的优点是所占空间小,容易使用。

(2)随机文件

随机文件是可以按任意次序读写的文件。在随机文件中,构成文件的记录长度相同,每个记录有唯一的记录号,可直接定位记录的开始和结束,所以在存取数据时,只需知道记录号,就可以直接读写数据。

随机文件的优点是存取文件快,更新容易;缺点是占用空间较大,设计程序复杂。

(3)二进制文件

二进制文件是字节的集合,它允许程序按所需的任何方式组织和访问数据,所以二进制文件的灵活性最大,但程序的工作量也最大。

## 11.1.2　文件的结构

计算机数据可分成两类:内部(内存)数据和外部(外存)数据。内部数据以常量、变量、结构(数组、集合、记录等)和对象(控件、窗体等)的形式组织使用。外部数据则以文件的形式组织使用。

为了有效地存取数据,数据必须以某种特定的方式存放,这种特定的方式就是文件的结构。VB 的数据文件由记录组成,记录由字段组成,字段由字符组成。

(1)字符(Character)

字符是构成文件的最基本的单位,可以是数字、字母、特殊符号或单一的字节。一个字符通常用一个字节存放,一个汉字或全角字符则用两个字节存放。

(2)字段(Field)

字段又称域,由若干个字符组成,用来表示一项数据。

(3)记录(Record)

记录由一组相关的字段组成。

(4)文件(File)

文件由记录组成,通常一个文件含有一个以上的记录。

# 11.2　文件操作

文件其实就是存放在磁盘中的一组相关的字节,应用程序要正确地访问一个文件,就必须知道这些字节的正确含义,即文件的类型。

不同类型的文件虽然存取方式不同,但操作这些文件的步骤大致相同,归纳如下:

①打开或创建文件,并为文件指定一个文件号。

②将文件中的全部或部分数据读取到变量中。

③使用、处理或改变变量中的数据。

④将变量中的数据保存到文件中。

⑤关闭文件。

因此,文件的操作语句有:打开或创建文件语句、读/写文件语句、关闭文件语句。打开文件的语句都相同,不同类型的文件的区分通过 For 短语实现,但不同类型文件的读/写语句是不相同的。

### 11.2.1 文件的创建或打开

#### 1. 格式

**Open** <文件表示符> [**For**<访问方式>][**Access**<读写方式>][共享方式] **As**[＃]<文件号>

[**Len**＝<记录长度>]

#### 2. 功能

打开指定文件,给文件的输入、输出分配存储缓冲区,并确定缓冲的存取方式。若指定文件不存在,除用 Input 方式打开外,会创建指定的文件。

#### 3. 功能简介

(1)For<访问方式>

确定文件读/写的方式,若省略不写,则表明默认为 Random。各参数及其方式如表 11-1 所示。

表 11-1    访问方式

| 参数 | 方式 | 说明 |
|---|---|---|
| Output | 顺序输出方式 | 打开或建立一个顺序文件,并允许向文件输出数据 |
| Input | 顺序输入方式 | 打开或建立一个顺序文件,指定从文件读入数据 |
| Append | 顺序输出方式 | 与 Output 不同的是,Append 方式在打开一个顺序文件时保留原有内容,将指针定位在文件的末尾 |
| Random | 随机存取方式 | 默认方式 |
| Binary | 二进制方式 | |

(2)Access<读写方式>

确定文件的访问类型。各参数及其方式如表 11-2 所示。

表 11-2    读写方式

| 参数 | 方式 | 说明 |
|---|---|---|
| Read | 只读 | |
| Write | 只写 | |
| ReadWrite | 读写 | 只能用于随机文件、二进制文件和以 Append 方式打开的文件,在 Random 和 Binary 方式中,如果没有 Access 选项,Open 语句按下列顺序打开文件:ReadWrite→ Read→ Write |

(3)<共享方式>

在多用户或者多进程环境中应用。共享类型如表 11-3 所示。

**表 11-3 共享类型**

| 参　数 | 说　明 |
|---|---|
| Shared | 与其他进程共享打开文件 |
| Lock Read | 不允许其他进程读该文件 |
| Lock Write | 不允许其他进程写该文件 |
| Lock Read Write | 不允许其他进程读写该文件 |

（4）＜文件号＞

打开文件时指定的文件句柄，取值范围为 1～511 的整数。使用 FreeFile 函数可得到下一个可用的文件号。

（5）LEN＝＜记录长度＞

确定随机访问文件的记录长度或确定顺序访问文件时缓冲区的字符个数。取值为一个不超过 32767 的整数，对于随机文件，表示记录长度；对于顺序文件，表示缓冲字符数；对于二进制文件，该选项被忽略。

例如：

Open "D:\DEMO" For Random Access Write Lock Write As ♯1 Len＝50

将以随机模式（For Random，可直接读写某个记录）打开（或建立）文件"D:\DEMO"，文件号为"♯1"。通过文件号"♯1"，可将记录写入文件"D:\DEMO"，但不能读出记录（Access Write），每次写入的记录长度为 50 字节（Len＝50）。当此 Open 语句有效时（直至 Close ♯1），禁止其他程序（进程）将记录写入文件"D:\DEMO"。

## 11.2.2　文件的关闭

格式：

**Close[[♯]＜文件号 1＞][,[♯]＜文件号 2＞]…**

功能：关闭指定的文件，释放缓冲区。

说明：

①文件号 i 指定被关闭的文件号。

②当文件号 i(1≤i≤N) 全部被省略时，Close 语句将关闭所有当前程序打开的文件。当 VB 程序结束时，将自动关闭所有已打开的文件。

## 11.2.3　顺序文件的读/写

### 1. 顺序文件的写操作

顺序文件只能对按 Output 或 Append 方式打开的文件进行写操作。将数据写入顺序文件可以使用 Print♯ 和 Write♯ 语句。

（1）Print # 语句

格式：

**Print #** ＜**文件号**＞，[{**Spc(n)**|**Tab[(n)]**}] [＜**表达式表**＞][{，|；}]

功能：将表达式表的数据值，按指定的列号写入顺序文件。

说明：

文件号是打开文件时指定的文件句柄，函数 Spc(n)或 Tab(n)、表达式表和逗号或分号的含义与窗体的 Print 方法的相应参数相同。

**例 11.1**　在 D 盘根目录下建立"Test. txt"数据文件，并在文件中输入文字。

```
Open "D:\Test. txt" For Output As #1
Print #1, "12345678901234567890"
Print #1, "ABC"; Spc(2); "ABC"
Print #1, "ABC"; Tab; "ABC"
Print #1, Tab; "ABC"
Close
```

程序建立的"Test. txt"文件的内容如图 11-1 所示。

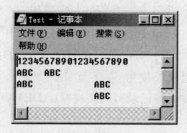

图 11-1　写入的文件内容

（2）Write # 语句

格式：

**Write #**＜**文件号**＞，[**Spc(n)** | **Tab(n)**] [＜**表达式表**＞] [，|；]

说明：文件号、函数 Spc(n)或 Tab(n)、表达式表的含义与 Print # 语句的相应参数相同。逗号和分号只用于分隔表达式，不指定写入位置（列号）。

若 Write # 语句末尾无逗号或分号，则将自动在顺序文件中写入一个回车换行符。

**例 11.2**　在 D 盘根目录下的"Test2. txt"文件中用 Write # 语句写入数据。

```
Dim F As Boolean
Open "D:\Test2. txt" For Output As #1
F = True
Write #1, Date, "ABC", "1234", 1234, F
Close
```

程序建立的"Test2. txt"文件内容如图 11-2 所示。

Write # 语句的功能和 Print # 语句相同，区别在于 Write # 语句是以紧凑格式输出，各

数据值间自动写入逗号分隔符,并给字符型数据加上双引号,日期型和 Boolean 型数据加上
"♯"。

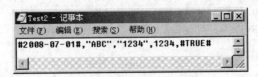

图 11-2　写入的文件内容

**2.顺序文件的读操作**

顺序文件只能对以 Input 方式打开的文件进行读操作,此时打开的文件必须存在,否则
会出错。顺序文件可以用 Input♯语句、Line Input♯语句和 Input 函数进行读操作。

(1)Input♯语句

格式:

> **Input** ♯＜文件号＞,＜变量表＞

说明:

①文件号是用 Input 模式打开的顺序文件号或用 Binary 模式打开的二进制文件号。

②变量表是用逗号分隔的一个或多个变量,但不能是数组变量或自定义类型的变量。
例如,"ID,Name,Sex"就是一个由 3 个变量构成的变量表。

功能:

①从打开的文件中顺序读取变量表中各变量所需的数据字符串。数值变量所需的数据
字符串以逗号、回车换行符或非空字符后的连续空格的最后一个空格结束。字符串变量所
需的数据字符串以逗号、回车换行符或双引号结束(若数据字符串的第 1 个非空字符为双引
号)。各数据字符串形式应符合对应变量类型的要求。

②将数据字符串转换成对应变量所需类型的数据项并赋值给变量。

例如,设 I 为整型变量,Name 和 Sex 为字符串变量,"♯1"文件的前 28 个字符为"␣␣
12A ␣␣␣"␣ John ␣"Male ␣␣ 19 ␣␣＜回车＞＜换行＞",则执行:

> Input♯1,I,Name,Sex

结果为:

> I＝12 Name＝"␣John␣" Sex＝"Male␣␣19"

(2)Line Input♯(字符行输入)语句

格式:

> **Line Input**♯＜文件号＞,＜字符串变量＞

说明:

文件号的含义与 Input♯语句相同。

功能:从打开的文件中读取当前字符行,删除行末＜回车＞＜换行＞符后赋值给字符串
变量。

**例 11.3**  用 Line Input♯语句读入例 11.1 中写入的内容。

```
Dim c As String
Open "D:\Test. txt" For Input As ♯1
Do While Not EOF(1)
    Line Input ♯1, c
    Text1. Text = Text1. Text + c
Loop
Close ♯1
```

运行结果如图 11-3 所示。

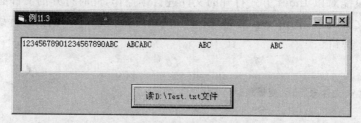

图 11-3  例 11.3 的运行结果

（3）Input（字符输入）函数

格式：

> **Input**(<**读取字符数**>,[♯]<**文件号**>)

功能：从打开的文件中读取指定个数的字符，包括单字节的西文字符、控制字符或双字节的中文字符，并自动将字符代码转换成 Unicode 码。

说明：

①文件号的含义与 Input♯语句相同。

②读取字符数是一个数值表达式，取值范围是 0～32767，用以确定所读字符个数。

### 11.2.4  随机文件的读/写

顺序文件只能按顺序读/写文件，且读/写不能同时进行，这在很多情况下是不方便的。如果每次读/写文件的字节数相同，就可以使用操作更简便的随机文件访问方式。随机文件是以记录为基本单位进行存取的，每条记录的长度相同，这样可以很方便地定位到某条记录。随机文件特别适合快速存取一组相关的数据。

1. 随机文件的写操作

随机文件的写操作使用 Put♯（随机输出）语句。

格式：

> **Put**♯<**文件号**>,[<**记录号**>],<**数据项**>

功能：将一个数据写入随机文件或二进制文件的指定位置。

说明：

①文件号是用 Random 模式打开的随机文件号或用 Binary 模式打开的二进制文件号。

②记录号是可选项，表示在文件中输出数据的位置。

对随机文件，若记录号等于 i(i≥1)且数据项长度等于记录长度，则数据将被输出在文件的第"(i−1)∗记录长度＋1"字节至第"i∗记录长度"字节。若数据项长度大于记录长度，则发生记录长度错误；若数据项长度小于记录长度，则文件的第"(i−1)∗记录长度＋1＋数据项长度"字节至"第 i∗记录长度"字节内容不确定。

一般地，数据项长度应等于 Open 语句的 Len 子句所定的记录长度。

对二进制文件，当记录号等于 i(i≥1)时，数据将被输出在文件的第"i"字节至第"i＋数据项长度−1"字节。

若省略记录号，则数据将被输出在文件当前读/写记录的下一个记录或当前读/写字节的下一个字节。

数据项是一个表达式，但不能是对象。

2.随机文件的读操作

随机文件的读操作使用 Get♯（随机输入）语句。

格式：

    **Get♯<文件号>,[<记录号>],<变量名>**

功能：从随机文件或二进制文件的指定位置读取一个数据。

说明：

①文件号的含义与 Put♯语句相同。

②记录号是可选项，表示从文件中输入数据的位置。

对随机文件，若记录号等于 i(i≥1)且变量所需数据长度等于记录长度，则将读出文件的第"(i−1)∗记录长度＋1"字节至第"i∗记录长度"字节。若变量所需数据长度大于记录长度，则发生记录长度错误；若变量所需数据长度小于记录长度，则文件的第"(i−1)∗记录长度＋1＋数据项长度"字节至第"i∗记录长度"字节内容无用。

一般地，变量所需数据长度应等于记录长度。

对二进制文件，当记录号等于 i(i≥1)时，将读取文件的第"i"字节至第"i＋变量所需数据长度−1"字节。例如，设 no 为整数，则"Get♯1,6,no"将读取文件的第"6"字节至第"6＋2−1"字节（整数用 2 字节保存）。

若省略记录号，则将从文件当前读/写记录的下一个记录的首字节或当前读/写字节的下一个字节读取所需数据。

变量名不能是对象类型变量。

## 11.2.5 二进制文件的读/写

二进制文件的读/写可以从文件的任意位置开始，每个文件都有一个长整型的文件指针指向下一个将要进行读/写的位置。刚打开的文件指针为 1，随着读/写操作的进行，文件指针会往后移,指向最后读/写字节的下一个字节。文件指针移动长度,对顺序存取文件而言是指一次读/写字符串的长度,对随机存取文件而言指一个记录的长度,对二进制文件而言是指一个字节。

二进制文件的写操作使用 Put♯ 语句。

格式:

　　　**Put♯ 文件号,[文件位置],变量名**

该语句将变量内容写到指定的字节位置,写入的字节数由变量类型决定。文件位置缺少时,由文件指针决定写入位置。

二进制文件的读操作使用 Get♯ 语句。

格式:

　　　**Get♯ 文件号,[文件位置],变量名**

该语句从指定的字节位置开始读取数据,并存入变量中。读取的字节数由变量类型决定。文件位置缺少时,由文件指针决定读取位置。

在 VB 中,有一个 Seek 语句用来设置指针位置。

格式:

　　　**Seek [♯]<文件号>,<文件位置>**

功能:设置下一个读/写位置。

打开二进制文件后,可像随机文件一样同时进行读/写操作,但每次读/写的数据的长度是可变的。这种可变性会给文件操作带来一定的灵活性,但也会带来一定的复杂性。

# 11.3　常用的与文件有关的语句及函数

## 11.3.1　文件管理操作语句

### 1. 删除文件语句

格式:

　　　**Kill <文件名>**

功能:删除指定的文件,这里的文件名可以含有路径。

Kill 语句具有一定的危险性,因为在执行该语句时并没有任何提示信息,所以在应用程序中使用该语句时,一定要在删除文件前给出适当的提示信息。

### 2. 复制文件语句

格式:

**FileCopy** <源文件名>,<目标文件名>

功能:把源文件复制为目标文件,两个文件的内容完全一样。

复制文件将把当前目录下的一个文件拷贝到同一目录下的另一个文件。若需将当前目录下的一个文件拷贝到另一个目录下,则必须包括路径信息。

3. 文件重命名语句

格式:

**Name** <原文件名> **As** <新文件名>

功能:对文件或目录重命名,也可用来移动文件。

Name 语句中的原文件名是一个字符串表达式,用来指定已存在的文件名(包括路径)。新文件名也是一个字符串表达式,用来指定改名后的文件名(包括路径),它不能是已存在的文件名。

一般而言,原文件名和新文件名必须在同一驱动器上。若新文件名指定的路径存在并且与原文件名指定的路径不同,Name 语句将把文件移动到新的目录下,并更改文件名。若新文件名与原文件名指定的路径不同但文件名相同,Name 语句将把文件移动到新的目录下,且保持文件名不变。

## 11.3.2 磁盘和目录操作语句

1. Chdrive 语句

格式:

**Chdrive** <驱动器字母>

功能:改变当前驱动器。

驱动器字母可以是一个字符串,如果使用零长度的字符串(""),则当前的驱动器将不会改变。如果驱动器字母中有多个字符,则只会使用首字母。

2. Chdir 语句

格式:

**Chdir** [盘符]<路径>

功能:改变当前目录。

3. Mkdir 语句

格式:

**Mkdir** [盘符]<路径>

功能:创建新目录。

4. Rmdir 语句

格式:

**Rmdir** [盘符]<路径>

功能:删除一个空目录。

## 11.3.3　常用的与文件操作有关的函数

1. FilerDateTime 函数

格式:

　　**FilerDateTime**(文件说明)

功能:返回文件创建日期或修改日期。

2. GetAttr 函数

格式:

　　**GetAttr**(文件说明)

功能:返回代表文件属性的数值。

3. FileLen 函数

格式:

　　**FileLen**(文件说明)

功能:按字节数返回一个磁盘文件的长度。

4. Lof 函数

格式:

　　**Lof**(文件号)

功能:返回一个已打开的文件的长度。

5. Eof 函数

格式:

　　**Eof**(文件号)

功能:返回一个指示是否达到文件末尾的逻辑值。

6. FreeFile 函数

格式:

　　**FreeFile**[(1/2)]

功能:返回供 Open 语句使用的下一个可用文件号。

7. Seek 函数

格式:

　　**Seek**(文件号)

功能:返回文件的当前读/写位置。

# 11.4　文件系统控件

在程序设计中,许多应用程序必须显示关于磁盘驱动器、目录和文件的信息。为了使用户能够利用文件系统,VB 提供了 3 个控件对驱动器、目录和文件分别进行显示操作。如图 11-4 所示。

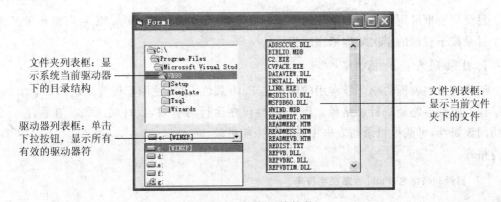

图 11-4　文件系统控件

## 11.4.1　驱动器列表框(DriveListBox)控件

### 1.驱动器列表框的属性

驱动器列表框的主要属性是 Drive 属性,该属性用于设置或返回操作的驱动器。该属性只能在运行期间由程序代码设置或访问,设计阶段无效。

格式:

**驱动器列表框名. Drive**[＝驱动器名]

驱动器列表框的缺省对象名为"Drive1"。例如,若要获得当前驱动器号,则可用如下语句来实现:

```
Dim Drv As String
Drv = Drive1. Drive
```

例如,要设置当前驱动器为 D 盘,那么可用如下语句来实现:

```
Drive1. Drive = "D:"
```

### 2.驱动器列表框的事件

驱动器列表框的常用事件主要是 Chang 事件,该事件在驱动器列表框的 Drive 属性值发生变化时产生。

### 3. 驱动器列表框的方法

驱动器列表框常用的方法有 Refresh 方法、SetFocus 方法和 Move 方法。

运行时,驱动器列表框仅显示当前驱动器的盘符名,单击驱动器列表框的下拉按扭,将在其下拉的列表框中显示当前计算机系统的全部驱动器名,用户可从中选择要操作的驱动器。

## 11.4.2　目录列表框(DirListBox)控件

目录列表框可用于显示当前驱动器或指定驱动器上的目录结构。显示以根目录开头,各个目录按子目录的层次结构依次缩进。

### 1. 目录列表框的属性

使用目录列表框的一个最常用的属性是 Path 属性,该属性用于设置或返回要显示的目录结构的驱动器路径或目录路径。Path 属性仅在运行时有效,设计时无效。在程序中,通过访问该属性,可获得目录列表框中显示的当前目录。

格式:

**目录列表框名.Path**[＝路径字符串]

目录列表框的缺省对象名为"Dirl"。若要显示"D:\"下的目录结构,则应设置的语句为:

```
Dirl. Path = "D:\"
```

目录列表框常与驱动器列表框配合使用,以便在驱动器改变时,目录列表框的显示能跟着改变。实现的办法是在驱动器列表框的 Chang 事件中为目录列表框的 Path 属性赋值,具体的事件过程如下:

```
Private Sub Drive1_Change()
    Dit1. Path = Drive1. Drive
End Sub
```

### 2. 目录列表框的事件

在目录列表框能响应的事件中,最重要的是 Chang 事件,该事件在目录列表框的 Path 属性发生变化时产生。

### 3. 目录列表框的方法

目录列表框常用的方法主要有 Refresh、SetFocus 和 Move 方法。

## 11.4.3　文件列表框(FileListBox)控件

文件列表框常与目录列表框配合使用,用以显示指定目录下的文件列表。用户可以从文件列表框中选择所要的一个或多个文件,文件列表框的缺省对象名为"File1"。

1. 文件列表框的相关属性

文件列表框的相关属性如表 11-4 所示。

**表 11-4 文件列表框的相关属性**

| 属性 | 意 义 |
|------|------|
| Path | 设置或返回要显示的文件列表框的文件路径 |
| Pattern | 设置在文件列表框中显示的文件类型 |
| FileName | 返回或设置文件列表框中被选中的文件名 |

(1)Path 属性

Path 属性仅在运行时有效,设计时无效。若要显示出"D:\Nhr"目录下的所有文件,则相应的语句为:

Filel. Path = "D:\Nhr"

为了在目录列表框发生变化时,文件列表框的内容也能相应地发生变化,需要在目录列表框的 Chang 事件中编程,其事件过程如下:

```
Private Sub Dir1_Chang()
    File1. Path = Dir1. Path
End Sub
```

(2)Pattern 属性

Pattern 属性起到文件过滤器的效果。Pattern 属性可在属性窗口中设置,也可在运行时通过程序代码设置,该属性的缺省值为"*.*"。文件类型的表达可使用通配符,若要表达的文件类型有多种,各组类型表达之间用分号进行分隔。

例如,若仅在文件列表框中显示 EXE 文件和 COM 文件,则相应的语句如下:

Filel. Pattern = "*.exe;*.com"

(3)FileName 属性

FileName 属性的使用格式为:

**文件列表框名.FilwName[=文件名]**

例如,若要获得当前用户所选择的文件名,实现的语句为:

Dim UserName As String
UserName = File1. FileName

此外,在文件列表框中,还可以对文件的 DOS 属性进行筛选,与此相关的属性有 5 种:Archive、Normal、System、Hidden 和 ReadOnly,这些属性均为逻辑型值。当某项属性值为"True"时,拥有该项属性的文件便可显示在文件列表框中,不具备该种属性的文件将不允许在文件列表框中显示。这些属性可在设计时在属性窗口中设置,也可通过程序代码来设置。

例如,若仅允许在文件列表框中显示隐藏文件和系统文件,则相应的设置语句为:

```
File1. Archive＝False
File1. ReadOnly＝ False
File1. Normal＝ False
File1. System＝True
File1. Hidden＝True
```

文件列表框当然也具有标准列表框的一些属性:MultiSelece、ListCount、ListIndex、List 属性,这些属性与在标准列表框中的功能和用法完全一样。

**2. 文件列表框的事件**

文件列表框常见的事件有 PathChang 事件(Path 属性变化时触发)、PatternChang 事件(Pattern 属性变化时触发)、Click 事件、DblClick 事件、GotFocus 事件和 LostFocus 事件。

**3. 文件列表框的方法**

文件列表框常用的方法有 Refresh、SetFocus 和 Move 方法。

### 11.4.4　文件系统控件的连接

直接绘制在窗体中的驱动器列表框、目录列表框和文件列表框彼此之间并无任何联系,为了使它们能同步操作,这就需要通过编程控制,将它们彼此关联起来,其实现的方法有以下两种。

①将驱动器列表框的操作赋值给文件列表框的 Path 属性,在驱动器列表框的 Chang 事件中输入下列代码:

```
Privata Sub Drive1_Chang ()
      Dir1. Path＝Drive1. Drive
End Sub
```

②将文件列表框的操作赋值给文件列表框的 Path 属性,在文件列表框的 Chang 事件中输入下列代码:

```
Privata Sub Dir1_Chang()
      File1. Path＝Dir1. Path
End Sub
```

# 11.5　应用实例

**实例 1**　使用 Write ＃语句将行数据写入顺序文件。

```
Open "testfile" For Output As #1                    '打开输出文件
Write #1,"Hello World",234                          '写入以逗号隔开的数据
Write #1,                                           '写入空行
Dim MyBool, MyDate, MyNull, MyError
MyBool=False                                        '赋值
MyDate=#February 12,1969#
MyNull=Null
MyError=CVErr(32767)
Write #1,MyBool;"is a Boolean value"                '写入变量
Write #1,MyDate;"is a Date"
Write #1,MyNull;"is a null value"
Write #1,MyError;"is a error value"
Close #1                                            '关闭文件
```

**实例 2**　建立一个典型的应用程序文件系统列表框。程序运行时：

①在组合框里添加选项(各文件类型)。

②单击组合框，选择文件类型，立即在文件列表框中显示该类型的文件。

③单击文件列表框中的文件，立即在文本框(Textl)中显示该文件名。

④双击文件列表框中的可执行文件，立即打开该文件。

⑤双击一个文件夹名，在文件列表框中显示该文件夹对应的文件列表，同时在标签(Label1)中显示文件夹的全路径。

⑥改变驱动器列表框中的驱动器名，3 个列表框中将出现与当前驱动器相对应的文件夹内容及文件名列表。

(1)程序界面设计

在窗体上创建 3 个标签、1 个文本框、1 个组合框、1 个文件列表框和 1 个驱动器列表框，并按如表 11-5 所示对其中的一些控件设置属性。

表 11-5　属性设置

| 控件 | 名称 | 属性 | 属性值 |
|---|---|---|---|
| 窗体 | Form1 | Caption | 文件系统控件示例 |
| 标签 | Label1 | Caption | 文件夹 |
| | | AutoSize | True |
| | Label2 | Caption | 文件名 |
| | | AutoSize | True |
| | Label3 | Caption | 文件类型 |
| 组合框 | Combo1 | Style | 0-Dropdown |
| | | Text | (清空) |
| 文本框 | Text1 | Text | (清空) |

（2）编写程序代码

```
Private Sub Combo1_Click()
    File1. Pattem＝Mid(Combo1. Text,7)          '改变显示的文件类型
EndSub

Private Sub Dir1_Change()
    Text1＝""
    Label1. Caption＝Dir1. List(－1)              '显示当前路径
    File1. Path＝Dir1. Path                        '修改文件路径
End Sub

Private Sub Drive1_Change()                        '改变盘符
    Text1＝""
    Label1. Caption＝""
    Dir1. Path＝Drive1. Drive
End Sub

Private Sub File1_Click()
    Text1＝File1. Filename                          '在 Text1 中显示文件名
End Sub

Private Sub File1_DblClick()                       '双击可执行文件名,打开该文件
    temp＝Shell(File1. FileName)
End Sub

Private Sub Form_Load()                            '在组合框中添加选项
    Label1. Caption＝""
    Combo1. Addltem "所有文件"+" "+" * . * "
    Combo1. AddItem "文本文件"+" "+" * . txt"
    Combo1. AddItem "文档文件"+" "+" * . doc"
    Combo1. AddItem "位图文件"+" "+" * . bmp"
End Sub
```

程序的关键是建立 3 个文件列表框的正向联动关系,即驱动器到文件夹,再从文件夹到文件列表的联动关系。这种关系是通过以下语句实现的。

①在 Drive1_Change()事件过程中加入:

　　Dir1. Path＝Drive1. Drive

②在 Dir1_Change()事件过程中加入:

　　File1. Path＝Dir1. Path

程序运行结果如图 11-5 所示。

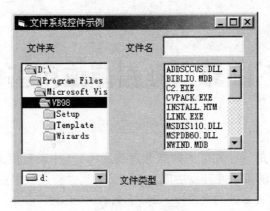

图 11-5　运行结果图

# 本章小结

　　应用程序中经常需要将大量的信息以数据文件的形式进行组织和存储,因而在程序设计的过程中经常需要进行数据文件的处理操作。数据文件的种类很多,VB 中所处理的有顺序文件、随机文件和二进制文件 3 种类型。本章分别介绍了各类数据文件的读/写方式、与文件有关的语句、函数及 VB 提供的文件系统控件。

# 第 12 章  数据库应用基础

数据库技术是当前的一种先进的数据管理技术。VB 中最吸引人,同时也是大家最关心的地方就是 VB 强大的数据库开发功能。人们可以通过使用数据控件或在程序中添加代码的方法来访问和控制大多数的数据库,如最常见的 Access、FoxPro、Paradox 等,而且随着 VB 编程技术的不断进步,使得 VB 在数据库方面的功能突飞猛进,已经与专业的数据库处理软件相差不远。本章将主要讲述数据库的基本理论和基本应用。

## 12.1  数据库基础

所谓数据库可以说是一些相关信息的集合,它能保存数据并允许用户访问所需的数据。为了便于保存和处理这些数据,将这些数据存入数据库时必须具有一定的数据结构和文件组织形式,以及较高的数据独立性和可扩展性。下面介绍有关数据库的基本概念。

### 12.1.1  数据库概念

#### 1. 数据库

数据库是指以一定的组织形式存储在一起的、能够为多用户共享的、并且独立于应用程序的相互关联的数据集合。数据库中的数据按照特定的数据模型加以组织、描述和存储,具有较高的数据独立性和可扩展性。

#### 2. 数据库系统

数据库系统是指以数据库方式管理的、拥有大量共享数据的计算机应用系统,它一般是由计算机硬件系统、操作系统、数据库管理系统、数据库、应用程序及用户(最终用户和数据库管理人员)组成。

#### 3. 数据库管理系统

数据库管理系统(DataBase Management System, DBMS)是指能够帮助用户使用和管理数据库的软件系统。例如,Microsoft Access、SQL Server、Oracle、Informix 等都是目前常用的数据库系统管理软件。数据库管理系统位于操作系统和用户之间,在操作系统的支持下,为用户提供一系列的数据库操作命令。

### 4.数据库应用程序

数据库应用程序是指针对实际工作的需要,而开发的各种基于数据库管理方式的应用程序。可以利用 DBMS 提供的各种命令直接开发,也可以使用 VB 等开发工具在开发前台界面的同时,去访问后台的数据库。例如,企业的管理信息系统的开发、事业单位的办公自动化等。

### 5.用 户

用户是指最终操作和使用应用程序的人员和数据库管理员。

### 6.关系数据库

数据库按其数据存储方式可被分为层次模型、网状模型、关系模型 3 种类型。目前大多数的数据库都是基于关系模型的。关系数据库是根据表、记录和字段之间的关系进行组织和访问的,以行和列组成的二维表形式存储数据,并且通过关系将这些表联系在一起。另外,可以使用结构查询语言(Structured Query Language,SQL)来描述关系数据库的查询问题,极大地提高了查询效率。

(1)数据表

数据表是关系数据库的基本组成单元,一个数据库通常由一个或多个数据表及其他相关对象组成。数据表实际上就是一个二维表,通常用来描述一个实体,每个数据表均有一个表名。例如,如表 12-1 所示为 Access 数据表"人员档案表"。

**表 12-1　人员档案表**

| 姓名 | 性别 | 民族 | 出生年月 | 职称 | 文化程度 | 所在部门 |
|------|------|------|---------|------|---------|---------|
| 王东明 | 男 | 汉 | 44/04/09 | 高工 | 大学 | 一所 |
| 罗雯 | 女 | 满 | 68/09/16 | 工程师 | 大学 | 一所 |
| 金玉华 | 女 | 汉 | 57/11/02 | 工程师 | 中专 | 二所 |
| 张振业 | 男 | 汉 | 73/08/31 | 助工 | 大专 | 四所 |

(2)数据库的记录和字段

①记录:表中每一个人的信息称为一个记录,即数据表的每一行就是一个记录。例如,姓名为"王东明"对应行中的所有数据就是一个记录。

②字段:表中的各数据项称为字段。例如,姓名、性别、出生年月、职称、所在部门等都是字段名。

(3)关键字

关键字是某个字段或多个字段的组合,利用关键字能够实现快速检索。关键字可以是唯一的,也可以不是唯一的,这取决于是否允许重复。唯一的关键字可以指定为主关键字,用来唯一标识表的一条记录。例如,学生学号可以作为主关键字,它能唯一地标识一个学生;而学生姓名则不能作为主关键字,因为姓名可能重复。

(4)索引

当数据库较大时,为了提高访问数据库的速度,可以建立索引。索引是一种特殊的表,功能类似于书的目录,它包含原数据库中关键字段的值和指向记录物理地址的指针,两者根据所指定的顺序排列,从而可以快速地查找所需要的数据。

(5)关系

在实际问题中,数据库可以由多个表组成,每个表集中了相关的一批数据。利用表之间的关系把各个表连接起来,使数据的处理和表达更具灵活性和完整性。表与表之间的关系是通过各个表中的关系字段建立起来的,建立表关系所用的关系字段应具有相同的数据类型。

### 12.1.2　Access 数据库

Microsoft Access 是 Office 软件的组件之一,它是微软公司开发的面向 Windows 平台的桌面数据库管理系统。Access 具有灵活方便、易于使用的特点,是办公及个人数据库管理的主流软件。数据库的管理者可以利用系统的向导或生成器,迅速地建立简单的应用程序,也可以作为其他软件开发工具的后台数据库。

#### 1.主窗口简介

通常 Access 2003 的主窗口分成 6 部分:标题栏、菜单栏、工具栏、状态栏、任务窗格、数据库窗口,如图 12-1 所示。

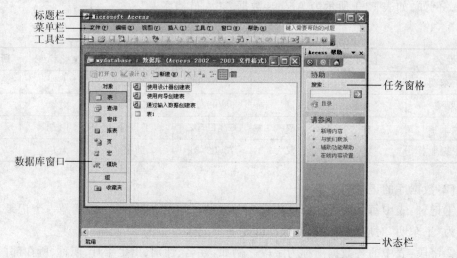

图 12-1　Microsoft Access 2003 主窗口

#### 2.数据库窗口的使用

数据库窗口是 Access 中非常重要的部分,使用它可以方便、快捷地对数据库进行各种操作。数据库窗口左侧包含两个方面的内容,上面是"对象",下面是"组"。"对象"下分类列出了 Access 数据库中的所有对象。例如,用鼠标单击这里的"表",窗口右边就会列出本数据库中已经创建的所有表。而"组"则提供了另一种管理对象的方法,它可以把关系比较紧密的对象分为同一组,不同类别的对象也可以归到同一组中。在数据库中的对象很多的时候,用分组的方法可以更方便地管理各种对象。

### 3.数据库的建立

在 Access 2003 中,新建一个空数据库其实很简单,只要用鼠标单击 Access 窗口左上角"数据库"工具栏中的"新建"按钮,就可以在窗口右侧打开"新建文件"任务窗格,如图 12-2 所示。

图 12-2　"新建文件"任务窗格

在"新建文件"任务窗格的"新建"栏中,单击"空数据库"选项,便可弹出"文件新建数据库"对话框。在"文件名"中给新建的数据库文件命名,如"订单管理系统",选择存储路径,单击"创建"按钮,如图 12-3 所示。

图 12-3　"文件新建数据库"对话框

### 4.使用表设计器创建表

要使用表设计器创建一个表,首先要打开表设计器。在数据库窗口中,将鼠标移动到"对象"下面的"表"选项上单击,再双击数据库窗口右边的"使用设计器创建表"选项,弹出如图 12-4 所示的表设计器。该窗口分为两个部分,上半部分是表设计器,下半部分用来定义表中字段的属性。当要定义表中的字段列时,只要在表设计器的"字段名称"列中输入表中需要字段的名称,并在"数据类型"列中定义字段的数据类型就可以了,如图 12-5 所示。

建立好表之后,接着可以切换到数据表视图来查看刚才建立的表。方法是执行"视图"→"数据表视图"菜单命令,这时在屏幕上会出现一个提示框,提示"必须先保存表",并询问

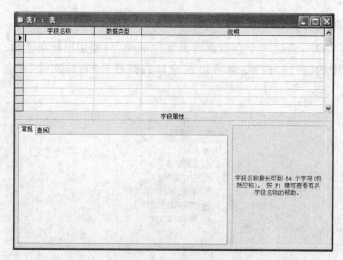

图 12-4　表设计器

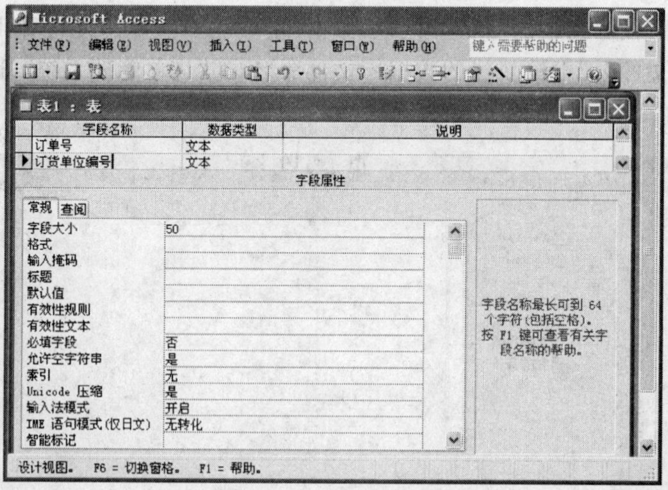

图 12-5　字段定义

"是否立即保存表",单击"是"按钮后弹出一个"另存为"对话框,在其中的文本框中输入表的名称,如"订单信息表",再单击"确定"按钮。由于每个表中都至少应该有一个主键,如果没有添加主键,就会弹出提示框询问,选择"是"按钮,Access 就会在刚才建立的表上添加一个字段,并把这个字段作为表的主键。

设置表的主键非常简单,但必须在设计视图下才能实现。单击工具栏上的"视图"按钮，就可切换回表的设计视图。例如,要将"订单信息表"中的"订单号"字段作为该表的"主键",只要单击"订单号"这一行中的任何位置,然后单击工具栏上的"主键"按钮即可。用这种方法设置了新的主键以后,原来的主键就会消失。如果要将表中的多个字段设置成主键,首先要将这些字段选定,然后单击工具栏上的"主键"按钮,选中的字段都设成主键了。如果想取消主键,先选中字段,然后再单击一次"主键"按钮即可。

在 Access 中有文本、备注、数字、日期/时间、货币、自动编号、是/否、OLE 对象、超链接、查阅向导 10 种数据类型。不同的数据类型分配不同大小的数据空间,不同类型的数据在使用时也有差别。例如,两个值"1234"和"2345",在"数字"类型中是数字,在"文本"类型中就是文本了。如果将这两个值相加,那么用"数字"类型计算出来的结果是"3579",而用"文本"类型相加的结果则是将两个数据连接在一起,成为"12342345",可见它们的差别还是很大的。

　　表设计器下半部分的"有效性规则"属性用来检查字段中的值是否有效,可以在字段的"有效性规则"输入框中输入一个表达式,Access 会判断输入的值是否满足这个表达式,只有满足的才能输入。当然也可以通过单击"有效性规则"输入框右侧的"生成"按钮 激活表达式生成器来生成表达式,如图 12-6 所示。

　　"有效性文本"属性输入框中所填写的文字则是当输入错误时用来提示用户的信息。

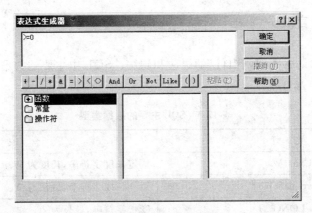

图 12-6　表达式生成器

　　在填写表的时候,常常会遇到一些必须填写的重要字段,这时要将这个字段的"必填字段"属性设为"是"。

　　"允许空字符串"属性用来设置是否让该字段存在空值。

　　"索引"属性是表中的一个重要属性,图 12-5 中"索引"属性中的选项"无"表示不把这个字段作为索引。"有(有重复)"和"有(无重复)"这两个选项都表示这个字段已经是表中的一个索引了,而"有(有重复)"允许在表的这个字段中存在同样的值,"有(无重复)"字段则表示在这个字段中绝对禁止相同的值。

# 12.2　SQL 语句

## 12.2.1　SQL 的基本功能

　　SQL 语言是一种用于数据库查询和编程的语言,是一种综合的、功能极强的同时又简单易懂的语言。SQL 集数据查询、数据操纵、数据定义、数据控制等功能于一体,其核心功能动词如表 12-2 所示。

**表 12-2 SQL 的动词**

| SQL 功能 | 动 词 |
|---|---|
| 数据查询、检索等 | Select |
| 数据定义(定义关系、表结构、建立数据库等) | Create |
| 数据操纵(添加、修改、编辑、删除记录等) | Insert, Update, Delete |
| 数据控制(数据安全、数据约束等) | Grant |

## 12.2.2 SQL 语言成分

SQL 和其他的语言类似,有自己的语法和句法。SQL 中主要的数据类型和运算符如表 12-3、12-4 所示。

**表 12-3 SQL 主要的数据类型**

| 类 型 | 含 义 |
|---|---|
| Char(W) | 固定长度字符串,长度为 W |
| VarChar(W) | 可变长度字符串,最长为 W |
| LONG | 变长字符串,最长为 2G |
| Number(W) | 整数,精度 W 位 |
| Number | 浮点数,精度为 38 位有效数字 |
| Number(W,S) | 实数,精度最大为 W(W<=38),S 指小数点后位数 |
| Date | 日期类型,格式默认为"DD-MM-YY(YY)",在 SQL Server 中,能够智能化地自动识别日期 |

**表 12-4 SQL 运算符**

| 类 别 | 符 号 |
|---|---|
| 算术运算符 | +, −, *, / |
| 逻辑运算符 | AND, OR, NOT |
| 比较运算符 | =, !=, >, <, >=, <= |
| 集合运算符 | [NOT] IN, [NOT] ALL, [NOT] ANY |
| 模糊查找 | [NOT] LIKE |
| 杂项 | BETWEEN..AND.., IS [NOT] NULL |

(1)文档描述

假设有一个学生成绩表(Score),表结构为:

| 学号(No,＊) | 姓名(Name) | 英语(English) | 数学(Math) | Delphi(Delphi) |
|---|---|---|---|---|
| … | … | … | … | … |

其中,括号里面的英文表示相应的英文名称,＊表示关键字段。

那么在项目(软件)文档里面写为:

　　Score(No#,Name,English,Math,Delphi);

(2)通配符

通配符有两种:

①字段通配符:字段通配符用"＊"表示,表示所有的字段。字段通配符只能单独使用。

②数据通配符:数据通配符有两个符号,一个是"%",表示通配多个字符数据;另一个是"_",用于通配一个字符。需要注意的是,一个中文字符占用两个英文字符的宽度。也有的用"?"来表示通配一个字符,如 Access。

**注意:** SQL 语言不区分大小写,如 Abc、abc、ABC 是一样的。

### 12.2.3　Select 语句

对数据库的操作主要就是查询,SQL 中用于从数据库中查询用户指定数据的语句是 Select 语句。

格式:

　　**Select FieldNameList [All | Distinct]**

　　　　**From TableNameList**

　　　　**[Where Condition]**

　　　　**[Group By Group_FieldName] [Having HavingCondition]**

　　　　**[Order By Order_FieldName [ASC | DESC]]**

All 表示不去掉重复的记录,为默认值;Distinct 表示重复的记录只保留一个。From 指定从哪个数据表中获取数据。Where 指定过滤条件。Order By 指定按某个字段排序。Group By 表示按照某一个字段分组。Having 表示条件分组。

例如,求计算机系所有学生的学号、姓名的 SQL 语句如下:

　　Select 学号,姓名 From 学生基本信息表 Where 系别＝'计算机系';

# 12.3　VB 可访问的数据库类型

VB 可以访问的数据库有以下 3 类。

(1)Jet 数据库

数据库由 Jet 引擎直接生成和操作,不仅灵活,而且速度快。一个 Jet 引擎的数据库可包含若干张表,每张表都是一个二维表格形式的记录集合,所有的表都包含在一个数据文件中。Microsoft Access 和 VB 使用相同的 Jet 数据库引擎。

(2)ISAM 数据库

在 ISAM(Indexed Sequential Access Methed,索引顺序访问方法)类型数据库中一张表就是一个数据文件。ISAM 数据库可以有多种不同的数据库,如 Dbase、FoxPro、TextFiles 和 Paradox,在 VB 中可以创建和操作这些数据库。

(3)ODBC 数据库

ODBC(Open DataBase Connectivity,开放数据库连接),这类数据库包括遵守 ODBC 标准的客户/服务器数据库,如 Microsoft SQL Server、Oracle、Sybase 等,VB 可以使用任何支持 ODBC 标准的数据库。

# 12.4　VB 中的数据控件

在程序设计过程中,如何把界面、程序和数据库连接起来是每一个用户都十分关心的问题。数据控件是一种把数据库和程序设计连接起来的重要工具,通过它不编写任何代码就可以对数据库进行访问,从而大大简化了数据库的编程。

在同一个窗口中可以同时使用多个 Data 控件,但是每个 Data 控件只能访问一个数据库。在设计阶段要为 Data 控件指定它所要访问的数据库,而且在运行期间不可以更改。

Data 控件提供了 4 个用于数据库记录浏览的按扭,各按扭的功能分别为:移至第一条记录、移至上一条记录、移至下一条记录、移至最后一条记录。

图 12-7　工具箱中的 Data 控件

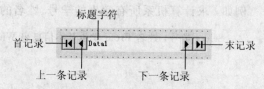

图 12-8　窗体中的 Data 控件对象

## 12.4.1　Data 控件的常用属性

### 1. DatabaseName 属性

DatabaseName 属性用于返回或设置 Data 控件所使用的数据库的名称及位置。在设计阶段,可在属性窗口中设置。先选择 DatabaseName 属性,然后单击 ⋯ 按钮,这时会弹出选择数据库的对话框,确定之后就完成了 DatabaseName 属性的设置。

### 2. RecordSource 属性

一个数据库中可能有多个表,RecordSource 属性用于指定 Data 控件所操作的表。在设置了 DatabaseName 属性后,在 RecordSource 属性的下拉列表中会出现所选数据库中的所有表,用户可以从中选择一个表。有时,RecordSource 属性的值可以不是一个完整的表,而是 SQL 查询语言的一个查询语句。这样,Data 控件可访问的数据将只是查询后的结果。

DatabaseName 属性和 RecordSource 属性是 Data 控件的两个最重要的属性。

### 3. Connect 属性

Connect 属性用来指定数据库的类型。VB 支持多种数据库类型,如 Access、Excel、FoxPro、Paradox 等,默认的数据类型为 Access。当单击 Connect 属性右边的下拉按钮时,会出现一个 Data 控件所支持的数据库类型列表,可从中选择要操作的数据库类型。

### 4. RecordsetType 属性

RecordsetType 属性用来设置记录集的类型。记录集共有 3 种类型,分别是 Table(表)、Dynaset(动态集)和 Snapshot(快照)。

Table 类型以表格直接显示数据,需要系统资源最多,但是其处理速度最快。Dynaset 类型的记录集可以在表中增加、修改和删除记录,是最灵活的一种记录集类型。Snapshot 类型的记录集只能静态显示数据(只读),其灵活性最低,但是所需要的系统资源最少。

### 5. BOFAction 与 EOFAction 属性

BOFAction 和 EOFAction 属性是当记录指针到达记录集开始或结束位置时,用来控制 Data 控件再向后或向前移动指针的操作,即当记录指针移动到超出起点或结束点位置时程序要执行的操作,它们的取值及含义如表 12-5 所示。

表 12-5　BOFAction 和 EOFAction 属性取值及含义

| 属性 | 取值 | 操　作 |
|------|------|--------|
| BOFAction | 0 | 将第一条记录作为当前记录(缺省设置) |
| | 1 | 移到记录集的开始位置,定位到一个无效位置,且触发 Data 控件的 Validate 事件 |
| EOFAction | 0 | 将最后一条记录作为当前记录(缺省设置) |
| | 1 | 移到记录集的结束位置,定位到一个无效位置,且触发 Data 控件的 Validate 事件 |
| | 2 | 自动执行 Data 控件的 AddNew 方法向记录集加入新的空记录 |

## 12.4.2　Data 控件的 Recordset 对象

设置 Data 控件的 RecordSource 属性以后,就确定了该控件所引用的一个记录集合,包含该集合的对象称为记录集,其名称为 Recordset。Recordset 对象是使用最频繁的一个对象,它代表了一个数据库中的记录或运行一次查询所得的记录。对数据库中的数据进行操作都要通过 Recordset 对象来完成,如添加记录、删除记录、更新记录等。

### 12.4.3　Data 控件的常用方法

使用 Data 控件不仅可以浏览数据库中的记录,还能编辑数据库中的记录,这些可以通过 Data 控件的方法来实现。

**1. 与浏览有关的方法**

在实际应用中,可以使用 Data 控件的箭头按钮来浏览记录,也可以使用 Data 控件的 Move 方法来操作。如表 12-6 所示为 Data 控件的 5 个 Move 方法。

**表 12-6　Data 控件的 Move 方法**

| 方　法 | 功　能 |
|---|---|
| MoveFirst | 移动至第一条记录 |
| MoveLast | 移动至最后一条记录 |
| MoveNext | 移动至下一条记录 |
| MovePrevious | 移动至上一条记录 |
| Move(n) | 向前或向后移动 n 条记录 |

例如,将指针移动到第一条记录,表达式为:

Data1. Recordset . MoveFirst

**2. 与查询有关的方法**

使用 Find 方法可在数据记录集中查找到与指定条件相符的一个记录,并使之成为当前记录。如表 12-7 所示为 Data 控件的 4 个 Find 方法。

**表 12-7　Data 控件的 Find 方法**

| 方　法 | 功　能 |
|---|---|
| FindFirst | 找到满足条件的第一条记录 |
| FindLast | 找到满足条件的最后一条记录 |
| FindNext | 找到满足条件的下一条记录 |
| FindPrevious | 找到满足条件的上一条记录 |

例如,查找姓名为"露西"的第一条记录,表达式为:

Data1. Recordset . FindFirst "姓名 = ' 露西 ' "

若姓名的值是在程序的运行阶段由用户从文本框输入的,则表达式应写为:

Data1. Recordset . FindFirst "姓名 =" & " ' " & Text 1. Text & " ' "

在调用 Find 方法时,是否查找到了符合条件的记录,可以通过 NoMatch 属性的值得到反映。当查找到符合条件的记录时,NoMatch 属性的值设置为"False";当没有查找到符合条件的记录时,NoMatch 属性的值设置为"True"。

### 3. 与编辑有关的方法

如表 12-8 所示为 Data 控件的添加记录、删除记录、更新记录的方法。

表 12-8　Data 控件的增、删、改的方法

| 方法 | 功　能 |
| --- | --- |
| AddNew | 添加新记录 |
| Delete | 删除当前记录 |
| Update | 在添加或修改记录后,将数据从缓冲区写入数据库 |

前面介绍了有关 Data 控件的知识,设置完 Data 控件就建立了与选定数据库的连接。

### 12.4.4　应用实例

应用 Data 控件实现一个订单管理系统。

要求:实现客户管理、货物信息管理、订单信息管理等功能,进行 SQL 语句嵌入式编程。

### 1. 界面

(1)主界面(MDI 界面)如图 12-9 所示

图 12-9　MDI 界面

（2）订单管理界面如图 12-10 所示

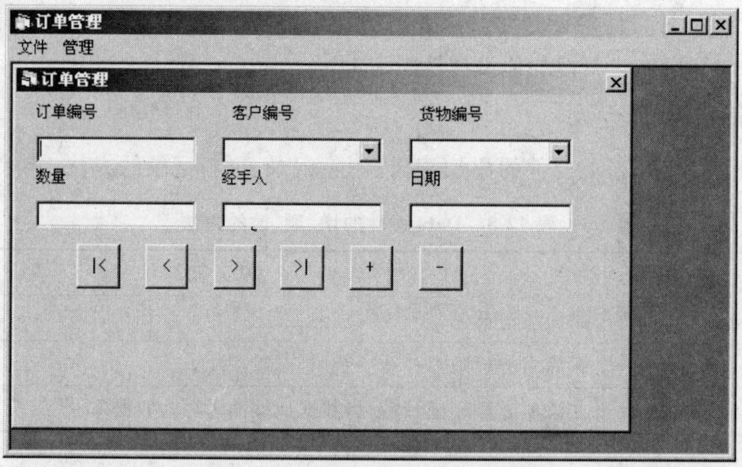

图 12-10　订单管理界面

（3）客户管理界面如图 12-11 所示

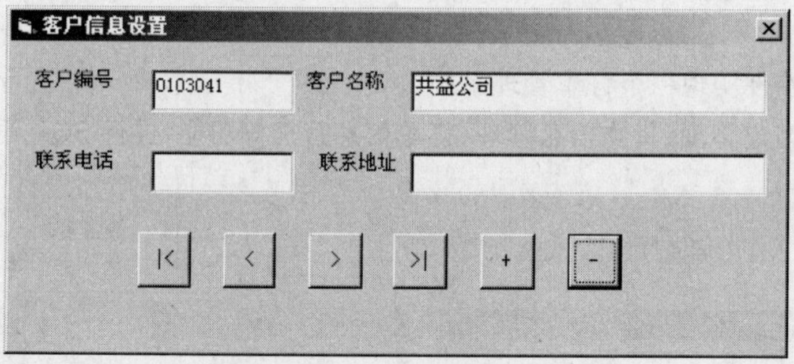

图 12-11　客户管理界面

（4）货物信息管理界面如图 12-12 所示

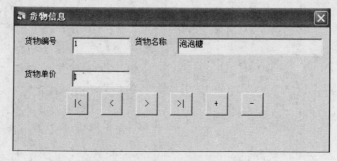

图 12-12　货物信息管理界面

需注意的是系统的连接字符串在数据模块文件中要进行全局定义：

```
        Global constr As String                            ′定义连接字符串
```

## 2. 系统代码

### (1)主界面代码

```
Private Sub curent_Click()
    Dcurrent. Show
End Sub

Private Sub ddgl_Click()
    ddglp. Show
End Sub

Private Sub MDIForm_Load()
    constr＝App. Path ＋ "\订单管理系统. mdb"        '获取数据库的全路径文件名
End Sub

Private Sub shop_Click()
    dshop. Show
End Sub
```

### (2)订单管理模块代码

```
Sub list()                                    '将 Combo1 的提示信息置为客户名称
    If mdata(0). Recordset. EOF Then           '判断订单信息数据集指针是否指向末端
        Combo1. ToolTipText = ""               '将 Combo1 的提示信息置空
        Exit Sub
    End If
    Datsql(1). DatabaseName = Constr
    ddglp. Datsql(1). RecordSource = "SELECT ＊ FROM 客户信息表" ＋ " WHERE "＋_
    "客户编号="＋" ' "＋ddglp. mdata(0). Recordset. Fields("订货单位编号")＋" ' "
    Datsql(1). Refresh
    If Datsql(1). Recordset. BOF And Datsql(1). Recordset. EOF Then
        Combo1. ToolTipText = ""
        Exit Sub
    End If
    Combo1. ToolTipText = Datsql(1). Recordset. Fields("客户编号"). Value＋_
    Datsql(1). Recordset. Fields("客户名称"). Value
End Sub

Sub list1()                                   '将 Combo2 的提示信息置为货物名称
    If mdata(0). Recordset. EOF Then
        Combo1. ToolTipText = ""
        Exit Sub
    End If
```

```vb
    Datsql(1).DatabaseName = Constr
    ddglp.Datsql(1).RecordSource = "SELECT * FROM 货物信息表" + " WHERE "+_
    "货物编号 =" + " ' " + ddglp.mdata(0).Recordset.Fields("货物编号") + " ' "
    Datsql(1).Refresh
    If Datsql(1).Recordset.BOF And Datsql(1).Recordset.EOF Then
        Combo1.ToolTipText = ""
        Exit Sub
    End If
    Combo2.ToolTipText = Datsql(1).Recordset.Fields("货物编号").Value +_
    Datsql(1).Recordset.Fields("货物名称").Value
End Sub


Sub innit()                                    '初始化 Combo1 的下拉列表
    Datsql(1).DatabaseName = Constr
    ddglp.Datsql(1).RecordSource = "SELECT * FROM 客户信息表"
    Datsql(1).Refresh
    If Datsql(1).Recordset.BOF And Datsql(1).Recordset.EOF Then
        Exit Sub
    End If
    While Not Datsql(1).Recordset.EOF
        Combo1.AddItem (Datsql(1).Recordset.Fields("客户编号").Value +_
        Datsql(1).Recordset.Fields("客户名称").Value)
        Datsql(1).Recordset.MoveNext
    Wend
End Sub


Sub innit1()                                   '初始化 Combo2 的下拉列表
    Datsql(1).DatabaseName = Constr
    ddglp.Datsql(1).RecordSource = "SELECT * FROM 货物信息表"
    Datsql(1).Refresh
    If Datsql(1).Recordset.BOF And Datsql(1).Recordset.EOF Then
        Exit Sub
    End If
    While Not Datsql(1).Recordset.EOF
        Combo2.AddItem(Datsql(1).Recordset.Fields("货物编号").Value +_
        Datsql(1).Recordset.Fields("货物名称").Value)
        Datsql(1).Recordset.MoveNext
    Wend
End Sub


Private Sub Cdelete_Click()
    If mdata(0).Recordset.EOF And mdata(0).Recordset.BOF Then
```

```
            Exit Sub
        End If
        mdata(0). Recordset. Delete
End Sub

Private Sub Cfirst_Click()
    If Not (mdata(0). Recordset. BOF) Then
        mdata(0). Recordset. MoveFirst        '记录指针移向数据集顶端
        list
        list1
    End If
End Sub

Private Sub Cinsert_Click()
    mdata(0). Recordset. AddNew
End Sub

Private Sub Clast_Click()
    If Not (mdata(0). Recordset. EOF) Then
        mdata(0). Recordset. MoveLast         '记录指针移向数据集末端
        list
        list1
    End If
End Sub

Private Sub Cnext_Click()
    If Not (mdata(0). Recordset. EOF) Then
        mdata(0). Recordset. MoveNext         '记录指针移向数据集下一条记录
        list
        list1
    End If
End Sub

Private Sub Combo1_LostFocus()
    Combo1. Text = Left(Combo1. Text, 7)
End Sub

Private Sub Combo2_Change()
    Combo2. Text = Left(Combo2. Text, 16)
End Sub

Private Sub Cprevio_Click()
```

```
        If Not (mdata(0). Recordset. BOF) Then
            mdata(0). Recordset. MovePrevious          '记录指针移向数据集上一条记录
            list
            list
        End If
    End Sub


    Private Sub Form_Load()
        mdata(0). DatabaseName = constr
        mdata(0). RecordSource = "select * from 订单信息表"
        mdata(0). Refresh
        innit
        innit1
        list
        list1
    End Sub
```

## 3. 客户管理模块代码

```
    Private Sub Cdelete_Click()

        If cudata. Recordset. EOF And cudata. Recordset. BOF Then
            Exit Sub
        End If
        cudata. Recordset. Delete
    End Sub


    Private Sub Cfirst_Click()
        If Not (cudata. Recordset. BOF) Then
            cudata. Recordset. MoveFirst
        End If
    End Sub


    Private Sub Cinsert_Click()
        cudata. Recordset. AddNew
    End Sub


    Private Sub Clast_Click()
        If Not (cudata. Recordset. EOF) Then
            cudata. Recordset. MoveLast
        End If
    End Sub
```

```
Private Sub Cnext_Click()
    If Not (cudata. Recordset. EOF) Then
        cudata. Recordset. MoveNext
    End If
End Sub


Private Sub Cprevio_Click()
    If Not (cudata. Recordset. BOF) Then
        cudata. Recordset. MovePrevious
    End If
End Sub


Private Sub Form_Load()
    cudata. DatabaseName = constr
    cudata. RecordSource = "客户信息表"
    cudata. Refresh
End Sub
```

## 4. 货物信息管理模块

```
Private Sub Cdelete_Click()

    If cudata1. Recordset. EOF And cudata1. Recordset. BOF Then
        Exit Sub
    End If
    cudata1. Recordset. Delete
End Sub


Private Sub Cfirst_Click()
    If Not (cudata1. Recordset. BOF) Then
        cudata1. Recordset. MoveFirst
    End If
End Sub


Private Sub Cinsert_Click()
    cudata1. Recordset. AddNew
End Sub


Private Sub Clast_Click()
    If Not (cudata1. Recordset. EOF) Then
        cudata1. Recordset. MoveLast
    End If
End Sub
```

```
Private Sub Cnext_Click()
    If Not (cudata1. Recordset. EOF) Then
        cudata1. Recordset. MoveNext
    End If
End Sub

Private Sub Cprevio_Click()
    If Not (cudata1. Recordset. BOF) Then
        cudata1. Recordset. MovePrevious
    End If
End Sub

Private Sub Form_Load()
    cudata1. DatabaseName = constr
    cudata1. RecordSource = "货物信息表"
    cudata1. Refresh
End Sub
```

# 12.5　ADO 数据控件

VB 提供的 ADO 数据控件是一个图形控件,它可以使用 ADO 数据对象来快速建立数据绑定控件和数据提供者之间的连接,可以用较少的代码创建数据库应用程序。ADO 功能比较强大,使用灵活,深受 VB 爱好者的青睐。

## 12.5.1　ADO 数据控件的添加

ADO 数据控件属于 ActiveX 控件,不包含在常规工具箱内,所以在使用之前需先将其添加到工具箱中。添加的方法是执行"工程"→"部件"菜单命令,在弹出的"部件"对话框中选择"Microsoft ADO Data Control 6.0(OLEDB)"复选框,确认后即可将该控件添加至工具箱。

## 12.5.2　ADO 数据控件的常用属性

ADO 数据控件的常用属性如表 12-9 所示。

表 12-9　ADO 数据控件的常用属性

| 属性名 | 说　明 |
|---|---|
| ConnectionString | 设置数据源的连接信息,相当于数据对象的 ConnectionString |
| CommandType | 设置或返回数据源的类型,相当于数据对象的 CommandType |

续表

| 属性名 | 说　明 |
|---|---|
| RecordSource | 设置或返回记录集的生成方式：Command 对象的 SQL 语句或存储过程，相当于 RecordSet 对象的 Source 属性 |
| RecordSet | 设置记录集对象 |
| Mode | 设置对数据的操作模式 |
| Caption | 控件上显示的内容 |

上述 ADO 数据控件的常用属性可以通过"属性页"对话框设置，操作步骤如下：

①在窗体上增加一个 ADO 数据控件后，选择该控件，单击鼠标右键，在快捷菜单上选择"ADODC 属性"命令，打开"属性页"对话框，如图 12-13 所示。

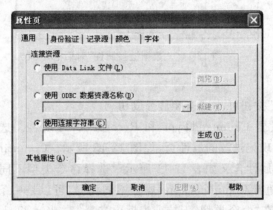

图 12-13　"属性页"对话框

②连接数据源，设置 ConnectionString 属性。使用 ADO 数据控件时，首先要连接数据源，才能对数据库操作。ConnectionString 属性有 4 个参数，如表 12-10 所示。

表 12-10　ConnectionString 属性的参数

| 参数名 | 说　明 |
|---|---|
| Provider | 指定用于连接的数据源名 |
| File Name | 指定包含预先设置连接信息的提供者的文件名 |
| Remote Provider | 指定客户端连接时的提供者名称（限于远程数据访问） |
| Remote Server | 指定客户端连接时的服务器路径名（限于远程数据访问） |

在"属性页"对话框中单击"生成"按钮，出现"数据链接属性"对话框，在"提供程序"选项卡中选择"Microsoft Jet 3.51 OLE DB Provider"（以 Access 数据库作为数据源），如图 12-14 所示。

③单击"下一步"按钮，打开"数据链接属性"对话框的"连接"选项卡，在"选择或输入数据库名称"文本框中输入数据库的路径和文件名（或通过右边⋯按钮选择），在"输入登录数据库的信息"文本框中输入"用户名称"和"密码"。在"高级"选项卡中可以输入操作方式，如

图 12-14　"数据链接属性"对话框

只读等。

　　④单击"测试连接"按钮可测试连接是否成功。

　　⑤选择记录源,设置 CommandType 和 RecordSource 属性。选择 ADO 数据控件的 RecordSource 属性,出现记录源的属性页,如图 12-15 所示。CommandType 属性用来指定 RecordSource 的类型,属性含义如表 12-11 所示。选择命令类型不同,下面的内容也不同。 RecordSource 的取值随着 CommandType 属性不同而异,可以是一条 SQL 语句,也可以是 一个数据表名。例如,在"命令类型"下拉列表框内选择"2-adCmdTable",则会要求在"表或 存储过程名称"下拉列表框内选择数据表的名称。

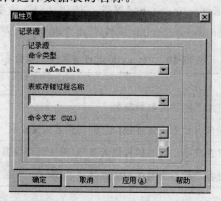

图 12-15　ADO 控件记录源属性页

表 12-11　CommandType 属性

| 值 | 名称 | 说　　明 |
| --- | --- | --- |
| 8 | adCmdUnknown | 默认值,CommandText 属性中命令类型未知 |
| 1 | adCmdText | 通过 SQL 命令建立数据源 |

| 值 | 名称 | 说　明 |
|---|---|---|
| 2 | adCmdTable | 以数据表作为数据源 |
| 4 | adCmdStoredProc | 以存储过程返回的数据集作为数据源 |

　　ADO 数据控件访问数据库的过程和 Data 控件类似,其对数据的操作主要是通过设置 RecordSet 对象的属性和方法来实现的。

# 本章小结

　　本章对数据库的一些基本概念、Access 数据库以及结构化查询语言 SQL 进行了简要描述,并且重点介绍了 VB 中提供的两大数据控件:Data 控件和 ADO 数据控件,并通过实例生动地介绍了 Data 控件的常用属性和方法,以及使用该控件进行数据库访问的过程步骤。关于数据库基本知识的介绍是学习数据库编程的必须,Data 控件和 ADO 数据控件的使用方法是本章的重点和难点。

# 参考文献

[1] Visual Basic 程序设计教程.陆汉权等编.浙江大学出版社,2006 年

[2] Visual Basic 程序设计视频教程.王兴晶等编.电子工业出版社,2005 年

[3] Visual Basic 程序设计.龚沛增等编.高等教育出版社,2003 年

[4] Visual Basic 程序设计.唐大仕等编.清华大学出版社,2003 年

[5] Visual Basic 程序设计.王汉新等编.科学出版社,2003 年

[6] Visual Basic 语言程序设计（修订版）.刘炳文编.高等教育出版社,2002 年

[7] Visual Basic 程序设计.刘瑞新等编.电子工业出版社,2003 年

[8] Visual Basic 程序设计.周霭如等编.电子工业出版社,2003 年

[9] Visual Basic 精彩编程百例.张勇等编.中国水利水电出版社,2002 年

[10] Visual Basic 数据库编程.童爱红,侯太平编.北方交通大学出版社,2004 年

[11] Visual Basic 6.0 数据库系统开发实例导航.邵洋,谷宇,何旭洪编.人民邮电出版社,2003 年